과학은 어렵지만
상대성 이론은 **알고 싶어**

과학은 어렵지만

상대성 이론은 알고 싶어

요비노리 다쿠미 지음 | 이지호 옮김 | 전국과학교사모임 감수

한스미디어

2014년 국내에서 개봉해 크게 성공한 SF 영화 〈인터스텔라〉
는 사람들에게 '상대성 이론'이 무엇인지 궁금증을 불러일으켰
습니다. 영화 속에 등장하는 '블랙홀, 중력렌즈, 노파가 된 딸과
젊은 아버지의 조우' 같은 장면들이 아인슈타인의 상대성 이론
에 바탕을 둔 아이디어에서 출발했다는 사실이 알려지면서 많
은 사람들의 호기심을 자극했기 때문입니다.

실제로 상대성 이론은 우리 일상의 다양한 분야에서 쓰이며
생활에 편리함을 주고 있습니다. 그 대표적인 예로 현재 위치를
알려 주는 내비게이션의 'GPS'를 들 수 있습니다.

중력은 지구 중심에서 멀어질수록 작아지기 때문에 지구 표
면의 중력과 인공위성 궤도의 중력은 그 크기가 다릅니다. 상
대성 이론은 이렇게 중력이 커질수록 시간이 지연되는 현상을
설명해 주는 이론입니다. 인공위성과 전파 신호를 받는 지구의

GPS 수신기 사이에는 시간의 차이가 생길 수밖에 없는데, 그 차이를 '상대성 이론'을 반영해 설계한 GPS가 보정해 주기 때문에 현재 우리가 있는 정확한 위치를 알 수 있는 것입니다. 덕분에 우리는 GPS 서비스를 이용해 주변 정보를 찾고 사진에 위치를 넣는 지오태깅(Geotagging)도 할 수 있게 되었습니다.

그렇지만 '상대성 이론'은 대중적으로 그 이름이 잘 알려진 것에 비해 여전히 이해하기 어려운 이론입니다. 그런 의미에서 이 책은 상대성 이론을 일반인의 시각에서 알기 쉽게 설명하고 있어 입문서로 적당하다고 생각합니다.

이 책은 물리학 초보인 에리와 친절한 다쿠미 선생이 등장해 특수 상대성 이론의 기초를 질문하고 답하며 풀어가는 구성으로 이루어져 있습니다. 꼭 알아야 할 핵심을 단계적으로 간결하게 정리해놓았기 때문에 수포자 또는 문과형 인간이라도 '아하! 이것이 특수 상대성 이론이란 말이지' 하고 자신감을 가질 수 있을 것 같습니다. 그런 자신감을 기반으로 일반 상대성 이론에 대해서도 공부해 보고 싶은 마음이 생길지도 모릅니다.

이 책을 통해 현대 물리학의 세계로 들어오신 여러분을 환영합니다. 부디 우리의 감각 세계에 반하는 상대적 시공간을 탐구하는 즐거운 경험을 하시길 기원합니다.

전국과학교사모임

저는 현재 유튜브의 〈학원 분위기로 배우는 대학교 수학·물리〉라는 채널에서 이과 대학생과 수험생을 대상으로 수학과 물리를 알기 쉽게 설명하는 동영상을 만들어 제공하고 있습니다. 지금까지 업로드한 동영상의 수는 2019년 11월 기준으로 350개가 넘고, 채널 구독자 수도 20만 명을 돌파했습니다.

자투리 시간에 부담 없이 볼 수 있도록 단원별로 짧게 한 편당 약 10분 내외 길이로 제작하고 있습니다. 다만 수학이나 물리의 단원 중에는 긴 동영상으로 제작하는 편이 더 쉽게 이해할 수 있는 경우도 일부 존재합니다. 그중 하나가 전작《수학은 어렵지만 미적분은 알고 싶어》에서 설명했던 미적분입니다.

후속작인 이 책의 주제로 선정한 '상대성 이론'도 마찬가지입니다. 상대성 이론은 20세기 초반 앨버트 아인슈타인이 발표한 매우 유명한 이론입니다. 인문계 학생들도 그 이름 정도는 들어 본 사람이 많을 것입니다.

상대성 이론에서는 평소에 우리가 주변에서 느끼고 있는 '시간과 공간'의 개념을 근본부터 뒤엎는 이론이 전개됩니다. 다시 말해 상대성 이론을 공부하는 것은 바로 우리가 살고 있는 세상의 '진짜 모습'을 공부하는 것이지요. 상대성 이론을 공부하면 지금 바라보고 있는 이 세상이 전혀 다른 풍경으로 보이게 됩니다. 저도 상대성 이론을 처음 공부했을 때는 제 눈앞에 펼쳐져 있는 세상이 와르르 무너져 내리는 듯한 충격을 받았답니다.

이 책을 손에 든 독자 여러분 중에는 '상대성 이론을 이해하려면 수학이나 물리학 지식이 많이 필요하지 않아?'라며 불안하게 생각하는 사람이 있을지도 모릅니다. 하지만 이 책을 찬찬히 읽다 보면 '중학교 수학' 수준의 지식만 있으면 상대성 이론을 이해할 수 있다는 것을 알 수 있을 것입니다. 물론 미적분 지식도 필요 없지요.

전작과 마찬가지로 이 책도 물리나 수학에 대한 지식이 전혀 없는 사회인을 대상으로 실시한 1시간짜리 강의를 바탕으로 정리한 것입니다. 읽다 보면 틀림없이 '이렇게 이해하기 쉬운 상대성 이론 설명은 지금까지 본 적이 없어!'라고 생각하게 될 것입니다.

이 책을 통해 독자 여러분의 '이과 두뇌'가 열리기를 진심으로 기원합니다.

요비노리 다쿠미

CONTENTS

제1장

🕐 '광속 불변의 원리'란 무엇일까?

제5장

🕐 '질량과 에너지의 등가성'이란 무엇일까?

🕐 **시공도**(時空圖)**를 이용해 상대성 이론을 이해한다**

다쿠미 선생님

인기가 급상승 중인 교육 분야 유튜버 강사. 대학생과 입시생들로부터 이해하기 쉽고 재미있게 강의한다는 호평을 받고 있다.

에리

제조사에서 영업직으로 일하는 20대 여성. 자타가 공인하는 수포자로 학창 시절 수학 시험에서 0점을 받은 적도 몇 번 있을 만큼 수학에 약하다. 전작 《수학은 어렵지만 미적분은 알고 싶어》에서 다쿠미 선생님에게 지도를 받은 덕분에 수학 알레르기가 조금은 약해졌다.

왜 상대성 이론을
공부하는 것이 좋을까?

상대성 이론을 공부해
'이과 두뇌'를 손에 넣자!

 강의에 들어가기 전에 질문을 하나 하겠습니다. 에리 씨는 '상대성 이론'이라는 말을 들었을 때 어떤 생각이 드시나요?

 이름만 들어 본 적이 있어요. …잘은 모르지만, 굉장히 어려운 이론이지요?

 최대한 간단히 설명하면, 상대성 이론은 '시간과 공간'에 관한 혁신적인 이론입니다. 이 이론의 탄생을 계기로 시간과 공간에 대한 생각이 크게 달라졌지요.

시간과 공간이라니, 왠지 엄청나게 장대한 이야기로 들리네요….

 상대성 이론에는 우리가 실생활에서 느끼는 물리학에 대한 고정관념을 완전히 뒤엎는 이야기가 많이 나온답니다. 그런 까닭에 상대성 이론은 일상의 감각으로는 잘 와닿지 않는 것을 이해하는 '논리적 사고력'을 단련하기에 아주 적합한 소재이지요.

 상대성 이론을 공부하면 '논리적 사고력'을 단련할 수 있다는 말씀이신가요?

 네. 중학교나 고등학교에서 배우는 물리학에는 우리가 직감적으로 금방 이해할 수 있는 내용이 많지만, 공부를 계속하며 더 높은 단계로 나아가면 직감적으로는 도저히 받아들이기 힘든 내용이 끊임없이 등장한답니다. 그런 이론을 이해하려면 '직감에 반(反)하는 것을 이론으로서 받아들일' 필요가 있지요.

우리의 일상생활에서도 '직감에는 반하지만 논리적으로는 옳은' 것을 종종 볼 수 있습니다. 상대성 이론은 그런 '논리를 받아들이는 훈련'을 하는 데 아주 알맞은 재료랍니다.

 저, 직감에는 자신이 있어요! 하지만 논리적인 사람이 부러울 때도 있더라고요….

'중학교 수학'만 알고 있으면
상대성 이론을 이해할 수 있다!

상대성 이론에는
'특수'와 '일반'의 두 가지가 있다

그렇다면 이번 기회에 '논리적인 사람'이 되어 보시지요!

저도 그렇게 되고 싶기는 한데…. 세상을 발칵 뒤집어

놓았던 이론을 제가 정말 이해할 수 있을까요?

물론입니다! 전혀 걱정하실 필요 없어요!

상대성 이론에는 '시간과 공간'을 주제로 한 '특수 상대

성 이론'과, 여기에 '중력'이라는 키워드를 추가한 '일반

상대성 이론'이 있습니다. 이 가운데 '특수 상대성 이론'

은 중학교 수준의 수학 실력만 있으면 충분히 이해할

수 있습니다. 한편 '일반 상대성 이론'은 대학교 물리학과에서도 가르치지 않는 부분이 있을 만큼 어려운 이론이랍니다. 완전히 이해하려면 청춘을 모조리 바칠 각오가 필요하지요(^^).

네? '논리적인 사람'이 되고 싶기는 하지만, 아무리 그래도 제 청춘을 바치고 싶지는 않아요!

물론 그건 그렇지요(^^).
그래서 이번에는 '복잡한 계산 없이 1시간 만에 이해하는 강의'를 통해 상대성 이론의 기본편인 '특수 상대성 이론'의 본질을 시원하게 이해시켜 드리겠습니다!

'특수 상대성 이론'은 1시간이면 이해할 수 있다!

제가 '특수 상대성 이론'을 1시간 만에 이해할 수 있다는 건가요?

네, 1시간이면 됩니다!

설명을 하다 보면 간단한 계산식이 몇 가지 등장하기는 하는데, 수학에 자신이 없는 사람은 건너뛰어도 괜찮습니다.

계산을 건너뛰어도 괜찮다고요?
그렇다면 저도 도전할 수 있을 것 같은데….
하지만 상대성 이론은 수학이라기보다 물리학이잖아요? 저는 천성적으로 문과여서 물리에 대해서는 아는 게 거의 없는데, 그래도 괜찮나요?

그래도 괜찮습니다!
물리나 화학에 대한 지식이 거의 없는 에리 씨도 이해할 수 있도록 전문 용어는 최대한 배제하면서 설명해 드리지요!

필요한 지식은 중학교 수학뿐!

하지만 상대성 이론 같은 아주 수준 높은 물리학 이론을 정말 중학교 수학 수준의 지식만으로 이해할 수 있을까요?

역시 에리 씨는 의심이 많으시네요….

물론 물리에 대한 지식이 조금은 필요하지만, 그런 것은 그때그때 설명해 드리면서 진행할 테니 안심하셔도 됩니다.

 그런 게 나올 때마다 초보적인 질문을 열심히 할 거예요!

그런데 어떤 중학교 수학 지식이 필요한가요?

 수학에서는 피타고라스의 정리만 사용할 겁니다.

 피타고라스의 정리…(진땀).

삼각형의 그거죠…?

 그렇습니다(^^).

복습을 겸해서 간단히 설명해 드리지요!

이번에는 오른쪽 그림에 정리된 것만 기억하고 계시면 됩니다!

 하하…. 이것조차도 방금 전까지 잊어버리고 있었어요.

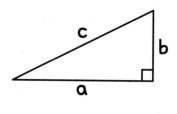

《피타고라스의 정리》

직각 삼각형의 각 변을
'a, b, c (c는 빗변)'라고 했을 때,
a의 제곱과 b의 제곱의 합은 빗변 c의 제곱과 같다.

$$c^2 = a^2 + b^2$$

무, 물론 이런 수식도 필요하다면 그때그때 설명해 드리겠습니다!

부탁드릴게요…. 그다음에는 또 어떤 공식이 필요한가요?

다음에 필요한 것은….

상대성 이론의 주제는 '시간과 공간'이니까, '거리와 시간과 속도'의 관계도 기억해 두시기 바랍니다.

거리 = 속도 × 시간

 아…. 이건 평소에도 사용하는 식이네요.

 분명히 거리, 시간, 속도의 관계식은 초등학교에서 배우는 것이고 일상생활에서도 자주 사용하지요. 기본적으로는 이 두 가지만 알고 있다면 문제없습니다!

 기억해 둘게요!
아주 조금이지만, 강의를 따라갈 수 있을 것 같은 기분이 들기 시작했어요!

 다행이네요!
1시간 만에 특수 상대성 이론을 이해하기 위한 준비는 이것으로 끝입니다!

HOME ROOM 3

특수 상대성 이론의
세 가지 포인트

특수 상대성 이론이란 무엇인가?

그런데 특수 상대성 이론을 공부하면 어떤 것을 알 수 있나요?

한마디로 말하면, '모든 것은 상대적이다'라는 사실을 알게 됩니다.
에리 씨의 의욕을 끌어올리기 위해 자세히 설명해 드리지요.

부탁드려요!

특수 상대성 이론은 '시간과 공간'을 다루는 이론이라고 말씀드렸는데, 여기에서 설명하는 것은 크게 세 가지입니다.

포인트 1	시간의 느려짐
포인트 2	공간의 줄어듦
포인트 3	에너지 = 질량

포인트 1 움직이고 있는 것은 '시간이 느려진다'

어쩌면 한 번쯤은 들어 본 적이 있을지도 모르겠습니다만, 첫 번째 포인트는 '시간의 느려짐'입니다. 상대성 이론에서는 "운동하고 있는 것은 시간이 천천히 흐른다"라고 주장하지요.

타임머신 같은 것이군요!

SF 영화에 나오는 타임머신처럼 시간을 되돌리거나 하는 것은 아니지만, '움직이고 있으면 시간이 느려진다'라는 이론입니다.

 네? 움직이고 있을 뿐인데 시간이 느려진다고요?

 그렇습니다! 직감적으로는 이해가 안 되지요?

 그렇구나…. 그래서 아무리 열심히 뛰어도 지각을 피할 수 없었군요!

 아니, 에리 씨가 지각한 이유는 그저 늦잠을 잤기 때문입니다(ᵕ).

 그러면 상대성 이론에 입각해서 지각하지 않는 방법을 가르쳐 주세요!

 재미있는 농담이네요(ᵕ). 사실은 에리 씨가 아무리 빠르게 달리더라도 눈에 보일 만큼 시간이 느려지는 일은 없답니다.

 하하, 역시 그렇군요.

그렇다면 아무리 빨리 움직여도 '시간이 느려지는' 일은 있을 수 없는 게 아닌가요?

일반적으로 생각하면 그렇지요.

우리가 사는 지구에서는 '시간은 어디에서나 일정한 속도로 흐르는 것'으로 인식되고 있습니다. 실제로 우리는 그 인식과 모순되지 않는 생활을 하고 있지요. 그래서 '시간이 느려진다'는 것을 직감적으로는 이해하기가 굉장히 어렵습니다.

그런데 상대성 이론에서 '움직이고 있는 것은 시간이 천천히 흐르는' 현상이 확인되었고, 이에 따라 더 재미있는 사실도 밝혀지고 있답니다.

으음, 잘 이해가 안 돼요.

자세한 내용은 뒤에서 다시 말씀드리기로 하고, 다음으로 특수 상대성 이론의 '직감에 반하는' 두 번째 포인트를 소개하겠습니다.

**움직이고 있는 것은
길이가 줄어든다**

 특수 상대성 이론에서는 '움직이고 있는 것은 길이가 줄
어든다'라고 주장합니다.

 네? 움직이면 길이가 줄어든다고요?

 그렇습니다. 이것도 상대성 이론의 매우 유명한 주장인
데, 여러 실험을 통해서 사실임이 확인되었지요.

 하지만 지금까지 살면서 그런 느낌을 받았던 적은 한 번
도 없었거든요?

 네. 이 또한 '직감에 반하는 것'의 전형적인 예이지요. 하
지만 역시 중학교 수학 수준의 지식만 있으면 논리적으
로 이해할 수 있습니다.

질량과 에너지는 같은 것이다

벌써부터 뭐가 뭔지 이해가 잘 안 되는 기분인데, 이것 말고도 또 있나요?

네. 마지막이 아주 중요한데, '에너지란 질량을 의미한 다'라는 이론입니다.

네? 에너지가 무게하고 상관이 있는 건가요?

네. 이것도 뒤에서 자세히 설명할 텐데, 간단히 얘기하 면 '질량은 에너지로 바뀌고, 에너지는 질량으로 바뀐 다'라는 것입니다. '질량과 에너지의 등가성'이라는 명칭 으로 알려져 있지요.

네에? 에너지라는 것은 눈에 보이지 않는 어떤 능력 같 은 것이잖아요? 그게 물건으로 바뀐다는 말인가요?

그렇습니다.
이것도 수많은 실증 실험을 통해서 이미 확인된 '사실'이

28

랍니다. 역시 처음 듣고는 잘 이해가 안 되지요?

제 상식하고는 너무 다른 이야기들이라 혼란스러워요.

이렇게만 들으면 어렵게 느껴지지만, 개념을 차근차근 공부해 나가면 확실하게 이해할 수 있을 겁니다.

이런 어려운 이론을 정말 중학교 수학 수준만으로도 이해할 수 있을까요? 조금 불안해요.

실제 논문에는 미적분이나 삼각함수 같은 복잡한 수학이 등장하지만, 이번에는 그런 요소를 전부 배제하고 '개념'만 중점적으로 소개하겠습니다.
그것만으로도 특수 상대성 이론의 세계관을 충분히 이해할 수 있답니다.

상대성 이론을 이해하면 세상을 이해하게 된다!

GPS부터 원자력 발전소, 우주의 구조까지

'상대성 이론을 공부하면 논리적인 사람에 가까워질 수 있다'는 건 이제 알겠어요. 그런데 일상생활 속에서 상대성 이론을 사용할 일이 있을까요?

사실 상대성 이론은 이미 우리 일상생활의 다양한 분야에서 사용되고 있답니다.

스마트폰이나 카 내비게이션에 사용되고 있는 GPS가 그 좋은 예이지요. 상대성 이론에서 나타나는 '시간의 느려짐'을 고려해 설계했거든요. GPS는 자신이 지도의 어느 위치에 있는지를 실시간으로 정확하게 가르쳐 주

는데, 만약 상대성 이론이 없었다면 카 내비게이션 등
에서 사용할 수 있을 만큼 정확하게 만들기는 어려웠을
겁니다.

 와! GPS에 그런 대단한 이론이 사용되고 있었군요.

 그리고 앞에서 소개한 '질량과 에너지의 등가성'은 핵분
열 반응 등을 통해서 확인된 현상입니다.

 핵분열이요?

 원자력 발전소의 원자로는 우라늄 등의 핵연료를 방대
한 에너지로 활용해서 발전을 하는데, 이 원리의 근간
에도 상대성 이론이 사용되었답니다. 물론 원자폭탄도
이 이론을 바탕으로 만들어진 것이지요.

 '시간과 공간'의 이론이 원자력에까지 활용되고 있었군
요….

 그렇습니다. 상대성 이론은 기존의 세계관을 근본부터

재검토하도록 만들었고, 현재는 물리학의 기초 중 하나가 되었지요.

그리고 2015년 9월에는 아인슈타인이 일반 상대성 이론에서 예견했던 '중력파'가 실제로 관측되어서 화제가 되기도 했습니다. 이 중력파는 블랙홀 두 개가 합체하면서 발생한 것으로 파악하고 있지요. 아인슈타인이 일반 상대성 이론을 발표한 때가 1915~1916년 무렵이니까, 무려 100년 만에 아인슈타인의 이론이 옳았음이 또 한 번 확인된 것입니다.

'젊은 천재'의 사고 과정을 추적해 볼 수 있다

아인슈타인이라면, 혀를 내밀고 있는 사진으로 유명한 그 할아버지 맞지요?

맞습니다. 특수 상대성 이론과 일반 상대성 이론 모두 아인슈타인이 발표한 것이지요. 제1탄인 특수 상대성 이론은 1905년에 발표되었는데, 당시 아인슈타인의 나이는 불과 26세였습니다.

 26세라고요? 저하고 나이 차이도 별로 안 날 때였네요?

 그리고 에리 씨를 비롯해서 많은 사람이 아인슈타인 하면 떠올리는 이미지인 혀를 내밀고 있는 노년기의 사진은 72세 때 촬영된 것이랍니다.

상대성 이론은 아인슈타인이 과학자로서 질풍노도의 시기였던 26세에 만든 이론입니다. 이름 없는 젊은 과학자가 만든 이론이라고 생각하면 친근감이 느껴지지 않

나요?

듣고 보니 그런 것도 같아요!
하지만 26세라는 젊은 나이에 현대 물리학의 기초를
만들었다니, 천재라는 말로도 부족할 정도네요.

아인슈타인은 12세에 유클리드 기하학 책을 독파하고,
미적분도 독학으로 마스터했다고 합니다. 그가 26세에
상대성 이론을 발표한 배경에는 이런 토대가 있었던 것
이지요.
상대성 이론을 공부하면 젊은 천재였던 아인슈타인의
사고 과정을 추적해 볼 수 있다고 해도 과언이 아니랍
니다.

저는 그 나이 때 온갖 만화책을 독파하고 있었어요(⌣).

사실은 저도 그랬습니다(⌣).

상대성 이론을 이해할 때
가장 중요한 것

논리적인 사람이 될 수 있는 단 한 가지 방법

 아주 작기는 하지만, 상대성 이론을 배울 각오가 생겼
어요!

 그러면 슬슬 상대성 이론 강의를 시작해도 되겠군요!
그러면 서론의 마지막으로, 상대성 이론 같은 '비일상
적인 이론'을 쉽게 이해하기 위한 비장의 방법을 소개해
드리겠습니다.

 정말 그런 방법이 있나요?

 비장의 방법이라고는 했지만, 사실 아주 간단합니다.

'일단은 가설을 받아들이는 것'이지요.

일단은 받아들인다?

네. 물리학에서는 먼저 '가설'을 세우고 그것을 출발점으로 삼아 검증하고 실험하는 과정 등을 거쳐서 '사실'인지 확인합니다. 상대성 이론은 100년 전부터 방대한 실험을 거친 결과 현대 물리학에서도 '사실'이라고 확인된 이론이지요.

그래서 이번 강의에서는 먼저 '실험 사실'을 말씀드린 다음 '그것이 사실일 경우 무슨 일이 일어날 것인가?'를 설명해 나갈 것입니다.

먼저 '가설'을 순순히 받아들이는 것이 중요하다는 말씀이시군요. 노력해 볼게요!

물리학의 이론이 완성되는 과정

1. 일단은 가설을 받아들인다
2. 그것이 사실일 경우 무슨 일이 일어날지 생각한다
3. 검증 실험을 반복한다

제1장

'광속 불변의 원리'란 무엇일까?

상대성 이론은 뭐가 그렇게 대단한 것일까?

상대성 이론이 과학의 역사를 바꿔 놓았다

자! 지금부터 상대성 이론에 관해 본격적으로 설명하겠습니다!

그런데 다쿠미 선생님, 궁금한 게 하나 있어요. 대체 상대성 이론이 왜 이렇게까지 유명한 건가요?

상대성 이론은 '시간과 공간'에 대한 당시의 개념을 뒤엎은 혁신적인 이론이었거든요.

그러고 보니 앞에서도 그런 말씀을 하셨던 기억이 나네요.

19세기 이전의 사람들은 물체의 운동은 뉴턴의 '뉴턴 역학*'을 이용하면 거의 정확하게 예측할 수 있다고 생각했습니다. 그런데 1864년에 '맥스웰 방정식**'이 발표되면서 전자기학과 뉴턴 역학 사이에 서로 모순이 발생한다는 사실을 알게 되었지요.

이 모순을 해결한 것이 바로 상대성 이론이었답니다.

 갑자기 머리가 혼란스러워졌어요.

 간단하게 정리하면 이렇습니다

① 뉴턴 역학은 전자기 현상을 포함하지 않는 운동 법칙을 거의 정확히 예측할 수 있었다.

② 그런데 전자기학이 발달하면서 뉴턴 역학과의 사이에 모순이 발생했다.

③ 상대성 이론이 이 모순을 해결했다.

이렇게만 기억해 두시면 됩니다!

---

* 뉴턴 역학: 잉글랜드의 물리학자인 아이작 뉴턴(1642~1727) 등이 체계화한, 물체의 운동에 관한 법칙.
** 맥스웰 방정식: 1864년에 제임스 클라크 맥스웰(1831~1879)이 수학적으로 정리한, 전자기학의 기초 방정식.

으음…. 그런데 뭐가 그렇게 획기적이었는지는 아직도 잘 모르겠어요.

 그 계기는 아인슈타인이 빛의 속도에 대해 완전히 새로운 견해를 주장한 것이었습니다.

'빛'의 '거대한 수수께끼'에 도전한 아인슈타인

상대성 이론의 포인트는 '빛의 속도'

 속도라고요? 우리 눈에 보이는 그 빛을 말하는 건가요?

 그렇습니다! 빛이 엄청난 속도로 움직인다는 사실은 널리 알려져 있지요.

 인터넷 광고에서 "광통신이라 빠르다!"라고 홍보하는 것을 본 기억이 있어요.

 들어 보신 적이 있을지도 모르겠습니다만, 빛의 속도는

초속 30만 킬로미터*(30만km/s)입니다.

네? 30만 킬로미터요? 그것도 초속이요?

네(^^). 1초 만에 지구를 7바퀴 반이나 돌 수 있을 정도의 속도랍니다. 다만 이것은 진공 상태에서의 속도이고, 인터넷 등에 이용되는 광섬유처럼 빛을 통과시키는 물질 속에서는 약간 느려지지요.

그래도 엄청나게 빠르네요! 그러니까 빛의 속도를 아인슈타인이 발견했다는 말씀이군요?

그런 건 아닙니다. 아인슈타인은 "진공 속의 빛은 항상 일정한 속도로 나아간다(광속 불변)"라고 주장했습니다.

'누가 본 속도인가?'를 나타내는 상대속도

빛은 항상 일정한 속도로 나아간다고요?

---

* 엄밀히 말하면 299,792,458m/s이지만, 이 책에서는 '30만km/s'라고 했다.

그건 당연한 거 아닌가요?

사실 빛이 일정한 속도로 나아간다는 것 자체는 맥스웰 방정식을 사용해서 이끌어낸 상태였습니다. 하지만 서로 운동하고 있는 관측자가 있을 경우 상대적으로 어떻게 관측될 것이냐는 커다란 수수께끼였지요.

그렇다면 아인슈타인의 설은 뭐가 새로웠나요?

아인슈타인은 "빛은 누가 보더라도 똑같은 속도로 관측된다"라고 주장했답니다.

누가 보더라도…요? 그게 무슨 말인가요?

멈춰 있는 사람이 볼 때나 일정한 속도로 계속 움직이는 사람(등속 직선 운동을 하고 있는 사람)이 볼 때나 똑같이 항상 초속 30만 킬로미터로 나아간다는 뜻이지요.

그렇군요. 그런데 그게 뭐가 특별한가요?

'광속 불변의 원리'의 어떤 점이 특별한가 하면, 일반적인 '상대속도'의 개념과 전혀 다르기 때문입니다.

상대속도는 우리가 일상생활 속에서도 자주 경험하는 현상입니다. 이것도 단순한 계산으로 구할 수 있으니까 자세히 설명해 드리지요!

'움직이는 것끼리'의
속도를 계산하는 방법

'상대속도'를 구하는 방법

으음…. '빛의 속도는 불변'이라는 게 뭐가 그렇게 특별한 건지 잘 이해가 안 돼요.

그러면 일반적인 물체의 속도와 무엇이 다른지 설명하기 위해 먼저 상대속도에 관해 이야기하겠습니다.

앞에서 등장했던 '물리 용어'네요.

간단하게 설명하면, 상대속도란 '운동을 하고 있는 사람이 운동을 하고 있는 다른 사람을 봤을 때 느끼는 속도'입니다.

으음, 전혀 안 간단한데….

 예를 들어 시속 100킬로미터로 달리는 자동차에 타고 있다고 가정해 보겠습니다. 그때 시속 300킬로미터로 달리는 고속 열차가 옆에서 나란히 달리고 있었다면 고속 열차는 실제보다 빨라 보일까요, 느려 보일까요?

 으음, 이쪽이 시속 100킬로미터로 움직이고 있으니까…. 실제 속도보다는 느려 보이지 않을까요?

 그렇습니다. 움직이는 것끼리 각자의 처지에서 상대를 봤을 때의 속도를 '상대속도'라고 하지요.
자동차와 고속 열차가 같은 방향으로 움직이고 있을 경우, 각각의 속도는 다음과 같이 표시할 수 있습니다.

V_B(고속 열차), V_A(자동차)라고 하면
상대속도 $= V_B - V_A$

다시 말해서 고속 열차가 시속 300킬로미터, 자동차가

시속 100킬로미터로 움직이고 있을 경우 자동차에서
본 고속 열차는 다음의 식에 따라 시속 200킬로미터로
움직이는 것처럼 보이지요.

$$300km/h - 100km/h = 200km/h$$

 아하, 실제보다 느리게 달리는 것처럼 보이는군요.

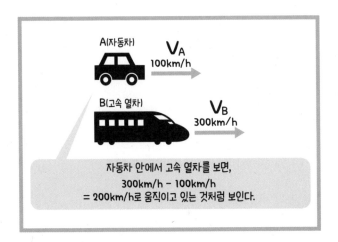

A(자동차) V_A 100km/h

B(고속 열차) V_B 300km/h

자동차 안에서 고속 열차를 보면,
300km/h - 100km/h
= 200km/h로 움직이고 있는 것처럼 보인다.

'상대속도'의 기준은 '자신'

 반대로, 고속 열차에서 자동차를 보면 다음과 같이 보입니다.

$$100km/h - 300km/h = -200km/h$$

다시 말해 '시속 200킬로미터의 속도로 후퇴하고 있는' 것처럼 보인다는 뜻이지요.

 뒤로 물러서고 있는 것처럼 보인다는 말인가요?

 실제로 고속 열차를 타고 있을 때 창밖을 보면 자동차들을 막 추월하는 것처럼 보이지 않나요?

 네, 맞아요!

 고속 열차를 타고 있을 때, 창밖을 보면 '나는 멈춰 있고 배경이나 자동차가 움직이고 있는' 것처럼 보이지요? 마찬가지로 자동차가 고속 열차보다 느리면 자동차가 뒤를 향해 이동하고 있는 것처럼 보인답니다.

그렇군요! 그래서 마이너스 방향을 향해 시속 200킬로미터로 움직인다고 정리했군요!

같은 속도로 나란히 달리고 있을 때와 반대 방향으로 달리고 있을 때

그렇다면 자동차 두 대가 양쪽 모두 시속 100킬로미터의 속도로 나란히 달리고 있는 경우에는 서로 상대의 자동차가 어떻게 보일까요?

으음…. 지금 상상해 봤는데, 멈춰 있는 것처럼 보일 것 같아요.

정답입니다! 식으로 나타내면 다음과 같습니다.

100km/h − 100km/h = 0km/h

요컨대 시속 0킬로미터, 문자 그대로 '멈춰 있는' 것처럼
보이는 것이지요.

그렇다면 시속 100킬로미터로 스쳐 지나갈 때는 어떻게
되나요?

서로 반대 방향으로 움직일 때는 마이너스의 속도를 그
대로 사용하면 됩니다.
상대가 시속 −100킬로미터로 다가오는 것이니까,

$$-100km/h - 100km/h =$$
$$-200km/h$$

다시 말해 상대가 시속 200킬로미터의 속도로 달려오
는 것처럼 보이게 되지요.

A(자동차) V_A V_B B(자동차)
       100km/h   100km/h

- 100km/h - 100km/h = -200km/h로
다가오는 것처럼 보인다.

'관성계'란 무엇일까?

'빛의 상대속도'는 항상 일정하다

 그런데 이 상대속도가 상대성 이론과 무슨 관계가 있는 건가요?

그러고 보니 양쪽 다 '상대'라는 말로 시작하네요(^^).

 에리 씨, 지금 굉장히 중요한 점을 깨달으셨습니다. 상 대성 이론은 이 '빛의 상대속도'에 착안해서 탄생한 이 론이라고 해도 과언이 아니랍니다.

 그게 무슨 말인가요?

 찬찬히 설명해 드리겠습니다. 먼저, 정지해 있거나 방향을 바꾸지 않고 일정한 속도로 움직이는(등속 직선 운동을 하는) 물체에 타고 있는 사람을 '관성계'에 있다고 표현합니다(※좀 더 정확한 용어를 사용하면, 관성 좌표계).

예를 들어 일정한 속도를 유지하면서 달리는 기차의 바닥에 공을 내려놓아도 그 공은 움직이지 않습니다. 또한 마찰을 무시한다면 그 바닥에 굴린 공은 굴렸을 때의 속도를 유지하지요.

이처럼 '힘이 가해지지 않은 물체는 정지 또는 등속 직선 운동을 계속한다'는 법칙을 '관성의 법칙'이라고 합니다. 그리고 이 관성의 법칙이 성립하는 장소가 관성계이지요.

그렇다면 가속하고 있는 기차 위에서는 관성의 법칙이 성립하지 않나요?

네. 예를 들어서 기차가 움직이기 시작하면 바닥에 놓아 둔 공은 기차의 진행 방향과 반대로 움직이기 시작하지요.

이런 경우는 '비관성계'라고 하는데, 이 책에서는 '관성계'만 다룰 겁니다.

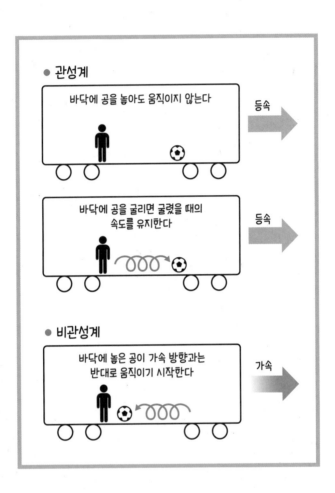

● 관성계

바닥에 공을 놓아도 움직이지 않는다

등속

바닥에 공을 굴리면 굴렸을 때의
속도를 유지한다

등속

● 비관성계

바닥에 놓은 공이 가속 방향과는
반대로 움직이기 시작한다

가속

빛은 '모든 관성계'에서
똑같은 속도로 보인다

빛의 속도는 누가 보더라도 같다

그 '관성계'가 빛과 무슨 관계가 있는 건가요?

빛의 속도는 전자기학의 맥스웰 방정식을 통해서 도출
되었습니다. 다만 그 속도가 '누가 본 속도인지'는 정확
히 알 수 없었지요.

그런데 아인슈타인이 "빛은 어떤 관성계에서 보더라도
초속 30만 킬로미터로 나아간다"라고 주장하며 상대성
이론을 전개했답니다.

하아…. 역시 전문 용어가 들어가니까 무슨 말인지 하
나도 모르겠어요!

간단하게 설명하면, 아인슈타인은 "다른 방향으로 움직이는 물체에 탄 상태에서 보더라도 빛의 속도는 항상 같다"라고 주장한 것입니다.

다른 방향으로 움직이는 물체라고 하면…, 아까 예로 들었던 고속 열차와 자동차 같은 건가요?

그렇습니다. '고속 열차 안에서 보든, 자동차 안에서 보든, 빛의 속도는 항상 똑같이 보인다'는 뜻이지요.

네? 그렇다면 아까 공부했던 '상대속도'의 공식은 전혀 의미가 없다는 말인가요?

간단히 말하면 그렇습니다!
아까 빛의 속도는 초속 30만 킬로미터라고 말씀드렸지요? 에리 씨는 이 초속 30만 킬로미터를 고속 열차나 자동차의 속도와 마찬가지로 '정지 상태에서 봤을 경우의 속도'라고 생각하셨을 겁니다.

속도라고 하면 보통은 다 그렇게 생각하잖아요.

하지만 빛의 속도는 정지한 상태에서든 움직이는 상태에서든 초속 30만 킬로미터로 보인다는 것이지요.

어떤 속도로 발사하더라도 빛의 속도는 같다

 또한 빛은 힘을 가해 발사하더라도 빨라지거나 하지 않는답니다.

 네? 그건 또 무슨 말인가요?

 예를 들어 시속 100킬로미터로 달리는 자동차에서 시속 100킬로미터로 공을 던진다고 가정해 보겠습니다. 정지해 있는 사람이 이 모습을 보면, 공이 시속 100킬로미터와 시속 100킬로미터를 더한 시속 200킬로미터로 날아가는 것처럼 보이지요.

 앞에서 공부했던 상대속도와 똑같은 발상이네요!

 그렇습니다.

그렇다면 초속 10만 킬로미터로 이동하는 로켓에서 빛을 발사했을 경우, 빛의 속도는 어떻게 될까요?

 초속 30만 킬로미터하고 초속 10만 킬로미터니까…, 초속 40만 킬로미터요!

 땡! 아쉽습니다! 사실은 그렇게 되지 않는답니다.

 네? 어째서인가요?

 아까 "빛은 어떤 관성계에서 보더라도 초속 30만 킬로미터로 나아가고 있는 것처럼 보인다"라고 말씀드렸습니다. 요컨대 설령 진행 방향이 같다고 해도 로켓의 속도와 상관없이 항상 초속 30만 킬로미터로 이동한다는 말이지요.
이것이 특수 상대성 이론의 전제가 되는 '광속 불변의 원리'입니다.

 '어떤 속도로 움직이면서 보더라도 빛의 속도는 항상 똑같이 보인다'라니, 직감적으로는 이해하기가 조금 어렵네요.

그렇습니다. 우리가 일상생활 속에서 느끼는 운동에 대한 생각과 크게 다르기 때문에 잘 이해되지 않는 사람도 많을 겁니다.

 이게 선생님께서 말씀하셨던 '일상의 감각으로는 잘 와닿지 않는다'라는 얘기로군요.

'빛의 속도'가 '특수'한 이유

 그런데 빛보다 빠른 것도 있나요?

 현 시점에서는 발견되지 않았습니다. 빛의 속도가 이 세상에서 가장 빠른 속도라고 생각하고 있지요.

 그렇다면 빛이 세상에서 가장 빠르다는 말인가요?

 그런 셈이지요. 정확히는 '초속 30만 킬로미터가 이 세상 속도의 한계'이며, 빛은 그 속도로 이동할 수 있다고 말할 수 있습니다.

속도에도 한계가 있나요?

 조금 전문적인 내용입니다만, 물리학에서 말하는 '질량' 은 '물체를 움직이기 어려운 정도'를 가리킵니다. 그런데 '빛'은 질량이 '제로'이기 때문에 이런 특수한 일이 일어나 는 것이지요. '질량이 제로가 아닌 물체'는 광속에 가까 워질 수는 있어도 절대 광속이 되지는 못한다고 합니다.

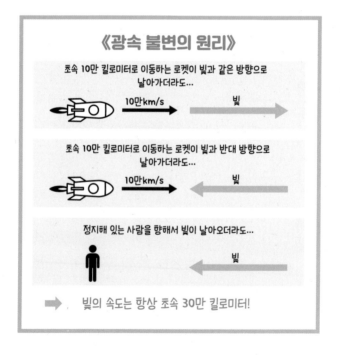

일단은 이 사실을 받아들인다

빛의 속도가 가장 빠른 속도라는 것은 '초속 30만 킬로미터를 뛰어넘는 속도는 없다'는 의미였군요.

그렇습니다. 이 초속 30만 킬로미터가 속도의 최댓값인 것이지요.*

서로 반대 방향으로 움직이더라도 초속 30만 킬로미터를 뛰어넘을 수 없다는 건, 으음…. 이건 감각적으로 이해하기가 어렵네요.

하지만 현 시점에서 기본적으로 광속 불변의 원리를 부정하는 결과가 나온 실험은 존재하지 않습니다.
일단은 이것이 '옳다'고 받아들여 주세요. 그래야 그 결과로 발생하는 더욱 충격적인 사실에 관한 이야기로 넘어갈 수 있으니까요.

---

* 상대성 이론이 처음부터 광속을 능가하는 물체의 존재를 부정하지는 않는다는 이야기도 있다.

빛의 속도로 움직이면 '셀카'를 찍을 수 없다?

'광속'으로 움직일 때, 자신이 보는 빛은 어떻게 될까?

 가령 제가 빛의 속도로 움직이고 있다면 스마트폰으로 셀카를 찍을 수 있을까요?

 에리 씨, 재미있는 질문이네요!

사실은 아인슈타인도 16세 때 '빛의 속도로 움직이는 자신의 얼굴을 거울로 볼 수 있을까?'라는 의문을 품었답니다. 이것이 훗날 상대성 이론을 생각해내는 계기가 되었지요.

 아인슈타인의 시대에는 스마트폰이 없었으니까, 스마트

폰 대신 거울을 사용했군요(^^).

상대성 이론이 현대에 발표되었다면 '셀카'라는 표현을
사용했을지도 모르겠네요.

다시 본론으로 돌아가면, 이 경우에 생각해야 할 요소
는 다음의 두 가지입니다.

1. 빛의 속도는 누가 보더라도 초속 30만 킬로미터
2. 빛의 속도는 어떤 방향으로 발사되더라도
   초속 30만 킬로미터로 일정

빛은 가속하지 않으니까, 언뜻 생각하면 초속 30만 킬
로미터로 움직이는 자신이 발사한 빛도 역시 초속 30만
킬로미터로 움직일 것이라 생각할 수 있습니다.

만약 이 생각이 옳다면 자신의 얼굴은 영원히 거울에
비치지 않게 되지요.

헤헤, 좋은 질문이었지요?

다만 여기에서 중요한 점은 빛의 속도가 '누가 보더라도 초속 30만 킬로미터'라는 것입니다.

 음…, 그게 어떻다는 건가요?

 빛의 속도는 누구에게나 똑같이 관측됩니다. 요컨대 광속으로 이동하는 에리 씨가 거울을 향해 발사한 빛도 에리 씨에게는 초속 30만 킬로미터로 나아가는 것처럼 보이는 것이지요.

 그 말은… 제가 어떤 속도로 움직이고 있든 '제가 발사한 빛은 초속 30만 킬로미터로 직진하고 있는 것처럼 보인다'는 뜻이군요?

 바로 그겁니다!
다만 에리 씨가 광속에 도달하는 것은 불가능할 것입니다. 에리 씨에게는 질량이 있으니까요.
좀 더 정확히 표현하면, "한없이 광속에 가까운 속도로 움직이고 있는 에리 씨에게도 빛은 광속으로 움직이고 있는 것처럼 보인다"가 됩니다.

특수 상대성 이론의 원리

'광속 불변의 원리'의 포인트

이상이 광속 불변의 원리입니다. 그런데 사실은 상대성 이론의 기초가 되는 원리가 또 한 가지 있습니다. 바로 특수 상대성 원리이지요.

또 뭔가 어려워 보이는 게 나왔네요.

어렵게 생각하지 않아도 됩니다. 이건 간단히 말하면 '어떤 관성계에서나 물리 법칙은 변하지 않는다'라는 것 이지요.

예를 들어 바깥이 전혀 보이지 않고 진동도 없는 상태 의 기차 안에 갇혀 있다면 '이곳은 움직이는 기차 안이

구나'라고 느낄 수 있을까요? 공을 위로 던져 봐도 다시 손바닥 위로 떨어지고, 몸을 움직여 봐도 바깥에서 멈춰 있을 때와 아무런 차이가 없을 텐데요.

듣고 보니 그러네요.

요컨대 "움직이고 있든 멈춰 있든 물리를 생각하는 데는 아무런 상관이 없다"라고 말할 수 있지요.

이것으로 상대성 이론을 설명하기 위한 준비는 끝났습니다. 그러면 마지막으로 특수 상대성 이론의 전제를 정리하고 다음으로 넘어가도록 하지요.

특수 상대성 이론의 전제

1. 빛의 속도는 어떤 관성계에서나 초속 30만 킬로미터로 보인다

   [광속 불변의 원리]

2. 어떤 관성계에서나 물리 법칙은 변하지 않는다

   [특수 상대성 원리]

제2장

'동시의 상대성'이란 무엇일까?

'시간'과 '거리'는 사실
'절대적'인 것이 아니다?

'속도'는 시간과 거리에 따라
정해져 왔다

빛의 속도는 누가 보더라도 항상 일정하다니, 직감적으로는 도저히 이해가 되지 않아요.

맞습니다. 그리고 '어떤 관성계에서 보든 빛의 속도는 변하지 않는다'라는 가설에서 이번에는 '움직이는 물체의 시간과 거리는 변한다'라는 더 이상한 현상이 예견되었지요.

빛의 속도 이야기를 하고 있는데 왜 갑자기 '시간'과 '거리'가 나오는 건가요?

'속도'는 다음의 계산식으로 구할 수 있습니다.

$$\text{'속도 = 거리 ÷ 시간'}$$

 자동차를 운전할 때라든가, 일상생활에서 자주 사용하는 식이네요.

'빛의 속도'가 기준이 되면
'시간과 공간'이 달라진다

 이 계산식을 잘 들여다보시기 바랍니다. '속도'를 구하기 위해서는 '거리'와 '시간'의 값을 넣어야 하지요?

 그야 물론이지요.
이동하는 '거리'와 이동에 걸린 '시간'을 알아야 '속도'를 알 수 있으니까요.

 그렇습니다.
'속도'는 '거리'와 '시간'에 따라 '2차적'으로 결정되는 것이었지요.

2차적으로 결정된다고요? 그게 무슨 말인가요?

쉽게 말하면, '거리'나 '시간'은 절대적이고 이것들을 측정할 때 비로소 '속도'가 결정된다는 발상입니다.

그렇게 말씀하시는 걸 보니 그 발상이 뒤집어지기라도 하는 건가요?

아인슈타인의 '광속 불변의 원리'에서는 거리나 시간이 아니라 빛의 속도가 고정됩니다.
즉, 빛의 속도의 경우 먼저 초속 30만 킬로미터라는 고정된 값이 있고 그 값에 맞춰서 거리(공간)나 시간이 변한다는 발상이지요.

공간과 시간이 변해요? 죄송한데, 무슨 말인지 도저히 이해를 못하겠어요. 아아아아….

차근차근 설명해 드릴 테니까 진정하세요(ﾍﾍ).

먼저, 이 현상을 이해하기 쉽도록 그림으로 나타내 보겠습니다.

왜 '시간'이
어긋나는 것일까?

기차 안에서 앞뒤로 발사된 빛은
어떻게 보일까?

 등속 직선 운동을 하는 기차가 있다고 가정해 보겠습니다. 그 기차의 한가운데에 광원(빛을 발하는 것)을 설치하고, 앞뒤에 빛을 검출하는 기기(검출기)를 설치합니다.

 한가운데에서 빛이 나오고, 앞뒤의 검출기가 그 빛을 검출한다는 말씀이시죠?

 그렇습니다! 그리고 기차 안에 설치된 광원의 바로 뒤에 관측자인 A가 서 있습니다.

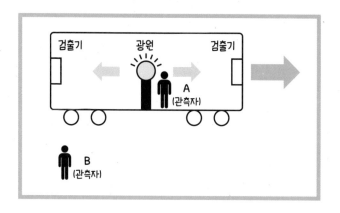

 한편 기차 밖에 서 있는 B도 이 기차를 바라보고 있습니다.

광원에서 빛이 나와서 앞뒤의 검출기를 향해 나아갑니다.

그렇다면 이때 빛은 검출기에 어떻게 도달할까요?

 글쎄요.

 먼저 기차 안에 있는 A의 처지가 되어서 생각해 봅시다. A는 등속 직선 운동을 하고 있으므로 관성계에 있습니다. 그렇다면 기차 안에서는 특수 상대성 원리에 따라서 정지해 있는 경우와 똑같은 현상이 일어나겠지요.

그러니까, 깊이 생각할 필요 없이 광원에서 앞뒤에 있는 검출기까지의 거리는 똑같으니까 빛은 동시에 도달한다고 생각하면 되나요?

그렇습니다.

하지만 기차 밖에서 관찰하면 사정이 조금 달라집니다.
광속 불변의 원리에 따라서 양쪽의 검출기를 향해 발사된 빛은 B가 봤을 때도 양쪽 모두 초속 30만 킬로미터로 나아가지요.

네, 그렇게 생각하는 것에는 조금 익숙해졌어요!
그러니까 B가 봤을 때도 빛은 동시에 검출되는 것이죠?

그런데 그게 그렇지가 않습니다.

기차는 앞쪽을 향해서 움직이고 있기 때문에 후방의 검출기는 빛과 가까워질듯이, 앞쪽의 검출기는 빛으로부터 멀어질듯이 움직이지요.
그러면 어떻게 될까요?

뒤쪽의 검출기에 먼저 도달하게 되겠네요.

그렇습니다!

'동시'는 절대적인 것이 아니다

 그 말은 'A에게는 동시이지만 B에게는 동시가 아니다'라
는 뜻인가요?

 그렇습니다!
슬슬 흥미로워지지요?

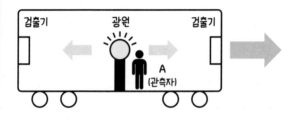

기차 안에 있는 A가 봤을 때,
빛은 앞뒤의 검출기에 '동시'에 도달한다

검출기 　　광원　　 검출기

A
(관측자)

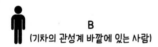

B
(기차의 관성계 바깥에 있는 사람)

기차의 바깥에 있는 B가 봤을 때,
빛은 앞뒤의 검출기에 '따로따로' 도달한다

A와 B 사이에 '동시'가 공유되지 않는다!

정리하면 다음과 같습니다.

★ 기차 안에 있는 A가 봤을 때, 빛은 앞과 뒤에 '동시에' 도달한다
★ 기차 밖에 있는 B가 봤을 때, 빛은 앞과 뒤에 '따로따로의
   타이밍'에 도달한다

 어?
저기, 이게 대체 무슨 말인가요?

 무슨 말인가 하면, A와 B 사이에 '동시'가 공유되지 못
하는 상태라는 말입니다.

 분명히 똑같은 것을 보고 있는데 결과적으로 타이밍
이 달라진다는 말씀이시군요. 이론적으로는 그렇겠지
만….

 이 현상을 상대성 이론에서는 '동시성의 불일치' 혹은
'동시성의 파괴'라고 부릅니다.
하지만 혼란을 피하기 위해 제 강의에서는 '동시의 상대
성'이라고 부르기로 하겠습니다. 개인적으로는 이것이

가장 적절한 명칭이 아닐까 생각합니다.

다시 말해 '동시'라는 개념도 다른 관성계에서 보면 달라지는 것이지요.

 와…. 너무 신기하네요.

 이는 전부 '광속 불변의 원리'와 '상대성 이론'이 동시에 성립하기 때문에 일어나는 결과입니다.

특수 상대성 이론을 이해하기 위한 중요한 포인트이지요.

LESSON 3

'동시에 일어났'지만 '동시가 아니다'

관성계의 바깥에서는 '동시'도 달라진다

그렇다면 A가 봤을 때는 빛이 검출기에 도달했는데 B 가 봤을 때는 빛이 아직 검출기에 도달하지 않은 순간 이 있다는 거잖아요?

이 말은 A가 보는 검출기에 도달한 빛을 B가 '보는' 타이밍에 차이가 생긴다는 뜻인가요?

아닙니다. 여기에서는 'A가 본 빛이 B에게 도달하는 시 간'을 고려하지 않습니다. A에게 일어나는 현상과 B에게 일어나는 현상을 매 순간 확인하더라도 '동시'에 일어나야 할 현상이 '일치하지 않는' 것이지요.

그렇다는 건 완전한 사실로서 '동시'가 어긋난다는 말인가요?

 바로 그겁니다!
'동시에 일어난' 현상이 다른 사람이 봤을 때는 '동시가 아니었다'라는 것은 일상의 감각으로 생각하면 좀처럼 이해하기 어려운 일이지요. 하지만 광속 불변의 원리가 성립하고 상대성 이론도 성립할 경우 결과적으로 이런 현상이 일어날 수 있는 것입니다.

 말로 표현하기는 힘들지만, 일상의 감각과는 너무 차이가 있네요.

 '동시'라는 개념은 우리가 평소에 절대적이라고 믿어 의심치 않는 것 중 하나입니다. 그런데 '동시'라고 하면 누가 봐도 똑같은 타이밍에 일어났다고 생각할지 모르지만, '동시성의 불일치'라는 동시조차도 공유하지 못하는 일이 일어날 수 있는 것이지요.
그러니까 '나에게는 동시'인 것이 '다른 누군가에게는 동시가 아닐'지도 모르는 것입니다.

'빛의 속도를 고정'시켰기 때문에 그런 일이 일어나는 건가요?

 맞습니다. 이 결과를 보년 속도를 구할 때 필요한 것은 '거리'와 '시간'이지만 '빛의 속도를 고정'시키면 변해야 하는 쪽은 '거리'와 '시간'이라는 이론을 받아들이기 쉬워지지요.

'절대시간'은 존재하지 않는다?

 분명히 '어떤 관성계에서 보더라도 빛의 속도는 변하지 않는다'가 사실이라면 '동시'의 불일치가 발생하게 되네요.

 상대성 이론 이전에는 우주에 '절대시간' 같은 것이 있어서 모든 존재는 똑같은 시간을 공유한다고 생각했었지요. 하지만 광속 불변의 원리가 성립하는 이상, '동시조차도 절대적이 아니라 상대적'이라는 충격적인 사실이 드러난 것입니다.

LESSON 4

결국 '동시의 상대성'이란 무엇일까?

'동시를 공유하지 못한다'를 감각적으로 이해해 보자

선생님의 설명 덕분에 '동시의 상대성'이라는 걸 이론적으로는 어렴풋이 이해했어요. 하지만 감각적으로 이해하게 되기까지는 역시 시간이 더 필요할 것 같네요.

확실히 감각적으로 '동시를 공유하지 못한다'는 것을 이해하기가 참 어렵지요.
그러면 예시를 들어 보겠습니다!

예시요?

그렇습니다! '동시를 공유하지 못한다'라는 개념은 이해하기 어려워도 '같은 위치를 공유하지 못한다'는 것은 직감적으로 잘 알고 있잖아요?

 같은 위치를 공유하지 못한다고요?
그런 일이 일상적으로 일어날 수 있나요?

 예를 들면 제가 기차에 타고 있고 에리 씨는 그 모습을 밖에서 바라보고 있다고 가정해 보겠습니다.

 다쿠미 선생님이 A이고 제가 B이군요?

 이때 제가 '연속해서 손뼉을 친다면' 어떤 일이 일어날까요?

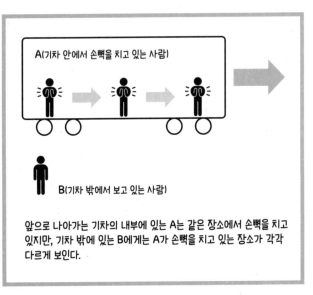

A(기차 안에서 손뼉을 치고 있는 사람)

B(기차 밖에서 보고 있는 사람)

앞으로 나아가는 기차의 내부에 있는 A는 같은 장소에서 손뼉을 치고 있지만, 기차 밖에 있는 B에게는 A가 손뼉을 치고 있는 장소가 각각 다르게 보인다.

 달리고 있는 기차 안에서 박수를 짝짝짝 하고 치는 건 가요?

 예를 들면 이동하는 기차 안에서 세 번 박수를 쳤다고 가정해 보겠습니다. 기차는 앞으로 나아가고 있으니까 이동한 만큼 제가 손뼉을 친 장소가 달라지겠지요?

 듣고 보니 분명히 그러네요.

하지만 기차 안에 있는 저는 같은 장소에서 손뼉을 치고 있을 뿐이지요.

 그렇군요. '같은 위치를 공유하지 못한다'는 게 이해가 되네요.

 이렇게 설명하면 실감이 가지요?
이와 같은 일이 시간에 대해서도 일어난다는 것이 특수 상대성 이론의 포인트랍니다.

상대성 이론은 '시공의 물리'

 우리는 보통 시간과 공간을 구별해서 생각하는 경향이 있습니다.
그런데 시간과 공간의 개념을 하나로 합치는 것을 상대성 이론이라고 할 수 있지요.

 제 머릿속에서도 고정관념이 무너져 내리는 기분이 드네요!

이것이 상대성 이론을 '시공의 물리'라고 부르는 이유랍니다. 지금까지 따로따로 다뤘던 '시간'과 '공간'을 대등하게 다루지요.

그런데 '동시가 어긋난다'라는 말은 이것이 여러 번 계속된다면….

에리 씨, 감이 날카로워지셨네요. 다음에는 상대성 이론에서 가장 유명한 '시간의 느려짐' 이야기를 해 드리겠습니다!

'동시의 상대성' 정리

1. 빛의 속도는 어떤 관성계에서 보더라도 똑같다

2. 다른 관성계끼리는 '동시'로 느끼는 타이밍이 일치하지 않을 때가 있다

3. '동시'는 관성계에 따라 달라지는 상대적인 것이다

[동시의 상대성]

제3장

'시간의 느려짐'이란
무엇일까?

우리는 저마다 다른 '시간축'을 가지고 있다?

'동시의 상대성'을 발전시킨다

 그건 그렇고, '빛의 속도는 불변'이라는 이유만으로 '시간과 공간'까지 바꿔어 버린다니 충격적이네요.

 분명히 보통 사람이라면 충격을 받을 만한 이야기이지요. 본래 '속도'라는 것은 다음과 같이 나타낼 수 있었습니다.

> '속도 = 거리 ÷ 시간'

 네! 이건 기억하고 있어요(⌒)!

다시 말해, 지금까지 '속도'란 '거리'와 '시간'에 따라서 2차적으로 정해지는 것이었지요.

 제2장에서도 나왔던 이야기네요!

 거리나 시간은 지구상에서 모두가 경험적으로 공유하고 있는 것이기 때문에 우리는 '거리는 절대적으로 정해져 있고, 시간도 같은 것을 공유하고 있다'라고 생각해 왔습니다.

 맞아요. 그걸 공유할 수 있기 때문에 세상이 정상적으로 돌아가고 있다고….

 그렇습니다. 아인슈타인 이전에는 모두가 이 세계, 이 지구, 이 우주 전체의 시간이 같은 속도로 흐른다고 생각했지요.

 하지만 상대성 이론이 등장하면서 '동시가 반드시 일치하지만은 않는다(어긋난다)'라는 사실을 알게 된 것이군요.

에리 씨, 감이 좋아지셨네요. 그런데 '동시의 어긋남'이 연속으로 일어나면 어떻게 될까요? 지금부터는 특수 상대성 이론에서 가장 유명한 '시간의 느려짐(시간 지연)' 이야기를 하도록 하겠습니다.

피타고라스의 정리로
'시간의 느려짐'을 산출한다

이번에도 어려운 수식 없이 설명해 주실 수 있나요?

물론입니다!
이번에는 중학교 수학 시간에 배우는 '피타고라스의 정리'를 사용해 보려고 합니다.

피타고라스의 정리라면 〈HOME ROOM 2〉에서 나왔던 거네요.

다시 한번 복습하면, 직각 삼각형의 빗변을 c, 다른 두 변을 a, b라고 했을 때 다음 공식이 성립합니다.

$$c^2 = a^2 + b^2$$

맞아요! 이런 식이었어요!

기차를 예로 들면서
'시간의 느려짐'을 생각한다

이번에도 조금 특이한 기차를 등장시켜서 생각해 보겠습니다.

또 기차인가요(ᵕ)!

등속 직선 운동을 생각할 때 기차만큼 이해하기 쉬운 예가 없거든요(ᵕ).

이번에는 어떤 기차인가요?

이번에는 천장이 매우 높은 기차를 사용해서 특수 상대성 이론의 '시간의 느려짐'에 관해 생각해 보겠습니다.

천장이 굉장히 높은 기차요?

 다음 그림을 봐 주십시오.

이번에도 '동시의 상대성'과 마찬가지로 빛의 속도를 이용해서 생각해야 하기 때문에 또 광원을 준비하겠습니다.

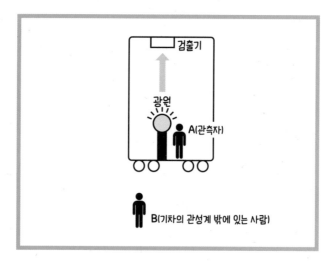

 이번에는 위쪽으로 길쭉한 기차네요.

 그렇습니다. 그리고 A가 그 광원의 바로 뒤에 서서 바라

보고 있지요.

정말로 똑같은 실험이군요(⌣).

그리고 역시 A는 등속으로 이동하고 있으므로 멈춰 있는 경우와 똑같은 일만 일어날 것입니다.

이번에는 위로 날아가는 빛을 생각하는 것이지요?

네, 맞습니다.
위를 향해서 나아간 빛은 천장에 달려 있는 검출기에 포착됩니다.

이건 그냥 빛의 속도로 천장에 도달하겠군요?

그렇습니다. 멈춰 있는 것과 같은 상태인 A에게는 빛이 통상적인 광속으로 천장에 도달한 것처럼 보이지요.
이때 천장에 도달하기까지 걸린 시간은 A가 봤을 때의 시간이므로 T_A라고 하겠습니다.

T_A초가 걸렸다는 뜻이지요?

 그런 식으로 T_A에는 1초나 2초 같은 구체적인 숫자가
들어간다고 생각해 주십시오.
그리고 빛의 속도도 문자로 적어 놓습니다.

 네? 하지만 빛의 속도는 초속 30만 킬로미터잖아요?

 말씀하신 대로입니다. 다만 빛의 속도는 누가 보더라도
초속 30만 킬로미터니까, 계산식이 간단해지도록 'c'라
고 표기하겠습니다. c는 전자기학에서 유명한 '베버 상
수(Weber's Constant)'의 c에서 유래했다는 말도 있고, 라
틴어인 'celeritas(빠르기)'의 c에서 유래했다는 말도 있습
니다.

 어쨌든 c=초속 30만 킬로미터인 것이지요?

 그렇습니다. 이제 광원에서 천장까지의 거리에 관해 생
각해 보도록 하겠습니다.

'시간의 느려짐'을 계산해 보자!

 거리를 구할 때는 '속도×시간'이라는 식을 사용하니까, 광원에서 천장까지의 거리는

> **광원에서 천장까지의 거리 = c(광속) × T_A(시간)**

로 나타낼 수 있습니다. 다시 말해 cT_A가 광원에서 천장까지의 거리인 셈이지요.

 조금 어려워 보이지만, 결국은 속도에 시간을 곱했을 뿐이네요?

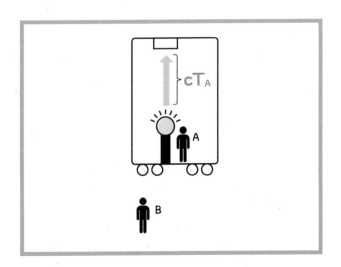

 기호를 사용했기 때문에 어렵게 보일지도 모르지만, 결국 '속도×시간'입니다.

 다행이다. 이거라면 저도 따라갈 수 있어요(⌢⌢).

 그리고 아까와 마찬가지로 밖에서 B가 이 기차를 바라보고 있습니다.

 또 같은 상황이군요!

그다음은 이런 그림과 같습니다.

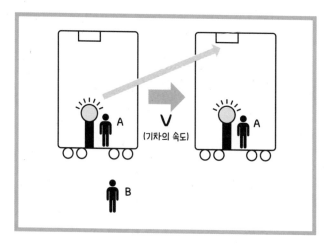

 이번에도 기차가 움직이는 건가요?

 네, 이번에도 기차는 등속으로 움직입니다. 이 기차의 속도를 빛의 속도와 혼동하지 않도록 V라고 하겠습니다. 참고로 이것은 속도를 의미하는 영어인 velocity의 머리 글자입니다.

 V에는 초속 30만 킬로미터보다 느린 속도가 들어가겠네요?

네. 다만 초속 30만 킬로미터보다는 느리지만 나름 빠른 속도로 움직이고 있다고 생각하는 편이 이해하기 쉬울 겁니다.

그래서 기차가 움직이면 어떻게 되나요?

B가 봤을 때, 기차 안의 빛은 위치가 제로(0)인 점에서 상승하기 시작합니다. 그 사이 기차는 빠르게 오른쪽으로 이동하고 있기 때문에 기차 내부 전체가 움직이게 되지요.

B가 봤을 때도 기차 안의 빛은 광원의 위치에서 검출기를 향해 똑바로 올라가지만, 이와 동시에 기차가 오른쪽으로 이동하기 때문에 검출기를 향하는 빛이 대각선으로 움직이는 것처럼 보일 것입니다.

그렇게 되겠네요.

여기에서 생각해 볼 문제가 '이때 빛이 이동한 거리는?' 입니다.

그러면 광속 불변의 원리와 피타고라스의 정리를 활용

해 이 질문의 답을 생각해 보도록 하겠습니다.

광속 불변의 원리라고 하면, 초속 30만 킬로미터가 나
오는 거죠?

이번에도 식을 단순하게 표현하기 위해 'c(=초속 30만 킬
로미터)'를 사용하겠습니다.

빛의 속도는 A에게나, B에게나, 다른 어떤 관성계에 있
는 사람에게나 c입니다. 다시 말해 이동하고 있는 관성
계든 멈춰 있는 관성계든 상관없이 c의 속도는 일정하
지요.

그야 광속 불변의 원리니까요.

그리고 B가 봤을 때 광원의 빛이 천장의 검출기에 도달
하기까지의 시간을 T_B라고 하겠습니다.

그렇다면 이동 거리는 '속도×시간'으로 계산할 수 있으
니까,

이 됩니다. 다시 말해 B가 본 빛의 이동 거리는 cT_B로 나타낼 수 있음을 알 수 있지요.

 여기까지는 이해했어요!

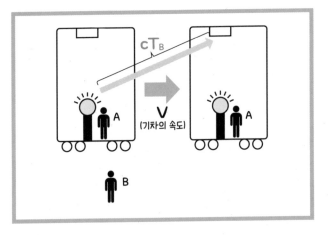

 다음에는 광원이 수평 방향으로 움직인 거리를 구해 보 겠습니다. 이 기차는 V라는 속도 수평 방향을 향해 움 직이고 있으니까, 그 기차에 타고 있는 광원도 같은 속

도로 나아가지요.

그렇겠네요.

그렇다면 B가 봤을 때 빛이 검출기에 도달하기까지 움직인 수평 거리는 얼마일까요?

그게…, '거리=속도×시간'이니까,

> **광원이 수평으로 이동한 거리**
>
> $= V(기차의 속도) \times T_B(이동 시간)$

인가요?

정답입니다!

다시 말해 그 거리는 VT_B라고 나타낼 수 있지요.

이 상황을 다음 그림으로 나타내 보겠습니다.

직각 삼각형 같은 게 나타났어요!

그렇습니다.

빗변이 cT_B, 다른 두 변이 VT_B와 cT_A인 직각 삼각형이
되었지요.

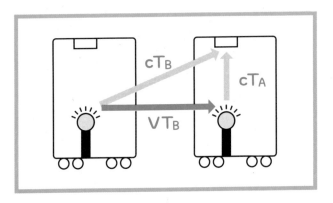

 다음에는 수학이 등장할 것 같은 예감이 드네요!

 그러면 피타고라스의 정리를 이용해서 '시간의 느려짐'
을 이끌어내 보겠습니다!

'피타고라스의 정리'로
'시간의 느려짐'을 이끌어낸다

 그래서 피타고라스의 정리를 어떻게 이용하나요?

다시 한번 말씀드리지만, 피타고라스의 정리는 빗변이 c, 나머지 두 변이 a, b라고 했을 때 아래의 관계식이 만족된다는 것입니다.

$$c^2 = a^2 + b^2$$

 기차의 이동 거리가 a, A가 본 빛의 이동 거리가 b, B가 본 빛의 이동 거리가 c인 건가요?

 에리 씨, 훌륭합니다!
그러면 식을 정리해 보겠습니다!

 선생님, 뚝딱 하고 해치워 주세요!

 아니, 순서대로 차근차근 할 겁니다(^^).
먼저, 세 변의 값을 정리하겠습니다.

에리 씨, 이것을 피타고라스의 정리에 대입해 보시겠어요?

네? 제가요?

으음, 피타고라스의 정리인 '$c^2 = a^2 + b^2$'에 위의 값을 대입하면 되니까….

$$(cT_B)^2 = (VT_B)^2 + (cT_A)^2$$

에리 씨, 잘하셨습니다! 그러면 지금부터는 제가 설명해 드리지요.

먼저, c^2을 곱한 부분이 많으니까 이것을 없애기 위해 양변을 c^2으로 나누겠습니다.

$$c^2 T_B^2 \div c^2 = \{(V T_B)^2 + (c T_A)^2\} \div c^2$$

위의 식을 정리하면 아래처럼 되지요.

$$T_B^2 = \left(\frac{V}{c}\right)^2 T_B^2 + T_A^2$$

그리고 '$T_B = \sim$'가 아니라 '$T_A = \sim$'의 형식으로 만들기 위해 위의 식에서 '$\left(\frac{V}{c}\right)^2 T_B^2$' 부분을 $(T_B)^2$ 쪽으로 이항합니다.

그러면 다음과 같이 되지요.

$$T_A^2 = (T_B)^2 - \left(\frac{V}{c}\right)^2 T_B^2$$

여기에서 우변 부분은 실제로는 '$1 (T_B)^2 - \left(\frac{V}{c}\right)^2 T_B^2$'이므로 T_B^2으로 묶을 수 있습니다.

$$T_A{}^2 = \left\{ 1 - \left(\frac{v}{c}\right)^2 \right\} T_B{}^2$$

에리 씨, 여기까지는 이해하셨나요?

그게⋯. 뭐, 그럭저럭(ㅜㅜ).

다음으로, 'T_A=~'의 형식으로 만들기 위해 양변의 제곱근(루트)을 생각해 보겠습니다.

저기⋯. 제곱근이 뭐였죠(진땀)?

제곱을 하면 그 수가 되는 것입니다. 예를 들어 4의 제곱근은 ±2가 되지요. 이번에는 음수를 다루지 않으니까 양의 제곱근만 생각하겠습니다.

아, 이제 기억이 났어요!

그러면 설명을 계속하겠습니다! 앞에 나온 식의 제곱근

을 구하는데, 이때 루트(√) 기호를 사용합니다.

$$T_A = \sqrt{1 - \left(\frac{v}{c}\right)^2}\ T_B$$

제곱근이므로 $T_A{}^2$과 $T_B{}^2$은 T_A와 T_B가 되고, 제곱의 형태로 적혀 있지 않은 부분에는 루트(√)를 씌웁니다.

 이렇게 바꾸니까 뭐가 뭔지 잘 모르겠어요!

 루트(√) 기호는 '그 수의 양의 제곱근을 생각하시오'라는 의미입니다. 예를 들면 $\sqrt{4} = 2$가 되지요.

 아, 그런 거였죠! 기억났어요!

 그러면 지금까지의 계산을 정리해 보겠습니다!

$$(cT_B)^2 = (vT_B)^2 + (cT_A)^2$$

$$c^2 T_B{}^2 \div c^2 = \{(vT_B)^2 + (cT_A)^2\} \div c^2$$

$$T_B{}^2 = \left(\frac{v}{c}\right)^2 T_B{}^2 + T_A{}^2$$

$$T_A{}^2 = (T_B)^2 - \left(\frac{v}{c}\right)^2 T_B{}^2$$

$$T_A{}^2 = \left\{1 - \left(\frac{v}{c}\right)^2\right\} T_B{}^2$$

$$T_A = \sqrt{1 - \left(\frac{v}{c}\right)^2}\, T_B$$

 선생님, 이거 꽤 어렵네요.

 풀이 자체는 중학교에서 배우는 수학을 응용한 것입니다. 나중에 시간이 나면 천천히 살펴보세요.

 네, 그럴게요! 어쨌든, 결론은 피타고라스의 정리를 사용하면,

$$T_A = \sqrt{1 - \left(\frac{V}{c}\right)^2}\ T_B$$

를 이끌어낼 수 있다는 말이지요?

 그렇습니다! 중간의 계산 과정이 어렵게 느껴진다면 '이런 결론이 나온다'는 것만 기억해도 충분합니다.

 그래서, 결국 이 식이 말하는 게 뭔가요?

 이 식에는 특히 주목해야 할 중요한 포인트가 있습니다.

 그런 게 있나요? 전혀 모르겠어요.

 유심히 보면 아주 쉽게 눈치챌 수 있는 포인트가 딱 하나 있습니다. 이 $\sqrt{1-\left(\frac{V}{c}\right)^2}$ 은 1에서 '$\left(\frac{V}{c}\right)^2$'을 뺀 수의 제곱근이므로 '1보다 작다'는 사실을 알 수 있지요.

 1에서 무엇인가를 뺀 수이고, 제곱을 하면 '$1-\left(\frac{V}{c}\right)^2$'이 되니까 확실히 1보다 작은…건가요?

예를 들어 이 $\sqrt{1-(\frac{V}{c})^2}$의 값이 0.5라고 가정해 보겠습니다. 그러면 아래처럼 되지요.

$$T_A = 0.5T_B$$

 이렇게 하니까 이해하기가 쉽네요!

 그러면 문제를 내겠습니다. T_A는 T_B보다 클까요, 아니면 작을까요?

 으음…, T_B의 값이 2라고 가정하면,

$$T_A = 0.5 \times 2$$
$$T_A = 1$$

이 되잖아요? 그렇다면 T_A는 T_B보다 작지 않을까요?

 맞습니다! 이번 경우, 항상

$$T_A < T_B$$

가 되므로 "T_A는 항상 T_B보다 작다"라고 말할 수 있습니다. 이것이 이 장에서 설명하려는 '시간의 느려짐'이랍니다.

네? 네? 이게 '시간의 느려짐'이라고요?

설명이 길어졌으니 다시 한번 기차 그림을 보도록 하겠습니다.

이번 예에서는 기차 안에 있는 A가 본 빛의 이동 시간이 T_A였습니다.

한편 기차 밖에 있는 B가 본 빛의 이동 시간은 T_B입니다. 요컨대 '$T_A < T_B$(T_A는 T_B보다 작다)'라는 말은 'B가 본 빛의 이동 시간이 A가 본 빛의 이동 시간보다 길다'라는 의미라고 할 수 있지요.

왠지 제2장에서 배웠던 '동시의 어긋남'과 비슷한 느낌이네요!

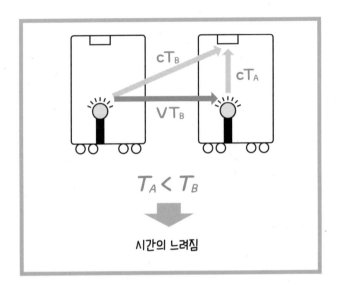

$$T_A < T_B$$

시간의 느려짐

 A의 눈에는 빛이 T_A초에 천장의 검출기에 도달했지만, B의 눈에는 'T_A초보다 긴 시간'이 지난 뒤에 검출기에 도달한 것이지요.

어떨 때 실제로 시간이 느려질까?

 으음…, 솔직히 이해가 잘 안 돼요. 좀 더 구체적으로 설명해 주실 수는 없을까요?

그러면 구체적인 예로 기차의 속도 V가 0.8c일 경우를 생각해 보겠습니다.

$$V = 0.8c$$

이것은 기차가 광속의 80퍼센트에 달하는 속도로 달리고 있다는 말입니다.

 굉장히 빠른 속도네요.

 이때 시간이 얼마나 느려지는지 계산해 보겠습니다.

 앞에서 나온 식에 대입하면 되나요?

 먼저, 'V=0.8c'이므로 다음과 같아집니다.

$$V = 0.8c$$
$$\frac{V}{c} = 0.8$$

다음에는 앞에서 나온 '시간의 느려짐'을 나타내는 식에
이 값을 대입합니다.

$$T_A = \sqrt{1 - \left(\frac{V}{C}\right)^2}\ T_B$$

$$T_A = \sqrt{1 - (0.8)^2}\ T_B$$

$$T_A = \sqrt{1 - 0.64}\ T_B$$

$$T_A = \sqrt{0.36}\ T_B$$

여기에서 $\sqrt{0.36} = 0.6$이므로,

$$T_A = 0.6 T_B$$

가 됩니다.

 이건 결국 무슨 의미인가요?

이것이 무엇을 의미하는가 하면, B의 1초($T_B=1$)가 A에게는 0.6초($T_A=0.6$)가 된다는 말입니다.

요컨대 B의 눈에는 A의 시간이 천천히 흐르고 있는 것처럼 보이게 되지요.

 0.6초요?

 초를 예로 들면 조금 이해하기가 어려울지도 모르겠네요.

1초가 0.6초라는 말은 요컨대 B의 시계가 60분이 지나갔을 때 A의 시계는 36분만 지나간 것처럼 보인다는 뜻입니다.

 그렇게 큰 차이가 생기나요?

 이것은 어디까지나 기차가 광속의 80퍼센트 속도로 이동하는 상태에서 1시간이 흘렀을 경우의 이야기이기는 합니다(^^).

이것이 바로 특수 상대성 이론에 나오는 '시간의 느려짐'입니다.

LESSON 2

결국 '시간의 느려짐'이란 무엇일까?

왜 '시간의 느려짐'을 실감하지 못할까?

 시간의 느려짐이 일어나더라도 이상하지 않다는 건 이제 분명히 알았어요. 하지만 이건 그저 이론상으로만 존재하는 이야기 아닌가요?

 '시간의 느려짐'이 일상생활과는 조금 거리가 먼 현상으로 느껴지는 데는 분명한 이유가 있습니다.

 그 이유가 뭔가요?

 앞에서 예로 든 'V=0.8c(광속의 80퍼센트)'라는 속도 자체를 평소에는 볼 일이 전혀 없거든요. 물론 미시적인 관점에서 생각하면 꼭 그렇지는 않지만, 우리의 일상생활에서는 전무하다시피 합니다.

하긴, 제가 전속력으로 달려도 0.5c 정도밖에 안 되거든요.

그렇군요.

이걸 받아쳐 주셔야 개그가 완성되는데…(ㅜㅜ).

초고속으로 달릴 수 있는 에리 씨는 예외로 치고, 음속으로 하늘을 나는 제트기라 해도 그 속도는 고작 '초속 340미터'입니다.

광속은 초속 30만 킬로미터이니까 단위가 달라도 너무 다르네요.

이처럼 우리가 일상에서 경험하는 V는 고속도로를 달리는 자동차라도,

$$V = 0.0000001c$$

정도에 불과하지요.

 이 정도면 거의 0이나 다름없네요.

 그렇습니다. 거의 제로나 다름이 없지요. 즉,

$$T_A = \sqrt{1 - 0.\,0000001^2}\ T_B$$
$$\fallingdotseq \sqrt{1}\,T_B$$
$$\fallingdotseq T_B$$

가 되므로 거의 동일해지는 것입니다.

다시 말해 일상생활에서는 시간의 차이를 거의 느낄 수가 없지요.

 그렇군요!

광속에 가까운 속도로 달리지 않으면 지각을 면하기는 어렵겠네요.

에리 씨, 그냥 집에서 조금 일찍 출발하시면 됩니다(^^). 어쨌든 이것이 '시간의 느려짐'이라고 불리는 현상입니다. 감각적으로 이해하기는 어려울지도 모르지만, '광속 불변의 원리'와 '특수 상대성 이론'을 받아들이면 이런 신기한 현상을 이해할 수 있게 되지요.

움직이고 있는 사람과 멈춰 있는 사람은 나이를 먹는 속도가 다르다?

움직이고 있는 것은 시간이 느리게 흐른다면, 광속에 가까운 속도로 나는 우주선을 타고 우주로 나갔다가 지구로 돌아왔더니 다른 사람들이 자신보다 나이를 많이 먹었다든가 하는 일도 일어날 수 있을까요?

네, 그런 일이 일어납니다.
실제로 그런 현상을 상대성 이론에서는 '립 반 윙클 효과'라고 부릅니다. 일본에서는 비슷한 전래동화의 주인

공인 '우라시마 효과'라고 부르지요. 그래서 "우라시마 다로가 용궁에 갔다 올 때 탔던 거북이는 사실 광속으로 헤엄칠 수 있는 괴수였던 거 아니야?"라는 농담도 있답니다.

실제로 있을 수 있는 이야기였군요.

네, 일반인을 대상으로 상대성 이론을 설명하는 책을 보면 이 이야기가 자주 등장하지요. 다만 저는 이번에 시간의 느려짐을 설명할 때 이 예를 적극적으로 소개하지 않았는데, 여기에는 이유가 있습니다. 거북이를 탄 우라시마 다로의 눈에는 지상에 있는, 즉 멈춰 있는 사람들이 움직이고 있는 것처럼 보였을 것이기 때문입니다.

그렇다면 단순히 생각했을 때 지상에 있는 사람들이 나이를 천천히 먹고 있는 것처럼 관측되어야 할 것 같지 않나요? 하지만 실제로는 그렇지 않습니다. 그 이유는 우라시마 다로만이 지상으로 돌아오기 위해 '방향 전환'을 한 데 있지요.

다만 이것은 이 책의 수준을 넘어서는 복잡한 문제입니

다. 그러니 관심이 생겼다면 그 관심만 남겨놓고 나머지는 잊어버리셔도 무방합니다.

'시간의 느려짐' 정리

---

1. 움직이고 있는 것의 시간은 천천히 흐르는 것처럼 보인다

   [시간의 느려짐]

2. 단, '광속에 가까운 속도로 움직일 경우'에만 '시간의 느려짐'을 실감할 수 있다

제4장

'공간의 줄어듦'이란 무엇일까?

상대성 이론에서 '공간'은 어떻게 될까?

시간이 흐르는 속도가 달라진다면?

그러면 이번에는 '공간의 줄어듦'에 관해서 설명해 드리겠습니다!

와…. 이번에는 공간까지 변하는 건가요.

이미 여러 번 말씀 드렸지만, 본래 속도는 거리와 시간에 따라서 결정되는 것이었습니다. 그런데 광속 불변의 원리에 따라 '속도'가 고정되어 버렸습니다. 그렇다면 '시간'과 '공간(거리)'이 고정된 '속도'에 맞춰서 변경된다고 생각할 수 있지요.

실제로 '시간이 천천히 흐르는' 일도 일어났으니 공간이
변하더라도 이상하지는 않네요.

 네.
이 '공간의 줄어듦'도 그림과 간단한 수식을 이용하면
어렵지 않게 이해할 수 있습니다.
먼저 엄청나게 길고 큰, 자 같은 막대를 상상해 보세요.

 오! 이번에는 기차가 아니라 막대군요!

 그리고 그 막대 위를 속도 V로 달리는 기차가 있습니다.

 뭐예요, 또 기차잖아요($^\smile$)!
왠지 그럴 것 같다는 느낌이 들기는 했지만….

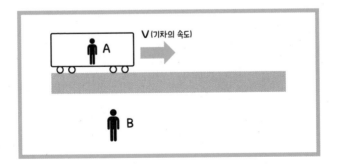

이 기차에 타고 있는 사람을 A라고 하겠습니다.

 그렇다면 역시 그 기차를 밖에서 바라보고 있는 B도 있겠네요?

 에리 씨, 눈치가 빠르시군요! 그렇습니다.

이제 그 커다란 막대의 길이에 주목해 보겠습니다. 하지만 A의 눈에 보이는 막대의 길이와 B의 눈에 보이는 막대의 길이는 다를 수 있음에 주의하시기 바랍니다.

- 기차 안에 있는 A의 눈에 보이는 막대의 길이는 L_A
- 기차 밖에 있는 B의 눈에 보이는 막대의 길이는 L_B

'공간의 줄어듦'을 계산으로 확인해 보자!

 먼저 기차 밖에 있는 B가 봤을 때 기차가 막대의 한쪽 끝에서 반대쪽 끝까지 이동하는 데 T_B초가 걸렸다고 가정해 보겠습니다. 그러면 이 기차의 속도는 다음과 같이 나타낼 수 있습니다.

$$V(\text{속도}) = \frac{L_B(\text{B의 막대 길이})}{T_B(\text{B의 시간})}$$

여기까지는 완벽하게 이해했어요!

다음에는 A의 시점에서 생각해 보겠습니다. 기차의 속도 V는 어느 쪽에서 보더라도 마찬가지니까,

$$V(\text{속도}) = \frac{L_A}{T_A} = \frac{L_A(\text{A의 막대 길이})}{T_A(\text{A의 시간})}$$

로 나타낼 수 있습니다.

속도 V는 A가 봤을 때 막대의 끝이 자신을 향해 다가오는 속도라고 생각해도 될까요?

그렇습니다. 에리 씨도 상대적으로 생각하는 것에 많이 익숙해지셨군요. 그러면 이 식을 이용해서 L_A(A가 본

막대의 길이)를 풀어 보겠습니다. 먼저 앞의 식에서 다음 부분을 주목합니다.

$$\frac{L_B}{T_B} = \frac{L_A}{T_A}$$

다음에는 '$L_A = \sim$'의 형식으로 만들기 위해 양변에 T_A를 곱하고 좌변과 우변을 바꿉니다.

$$\frac{L_B}{T_B} \times T_A = \frac{L_A}{T_A} \times T_A$$

$$L_A = \frac{T_A}{T_B} L_B$$

 여기까지는 식을 그냥 변형시켰을 뿐이지요?

 네. 이 식에 설명을 추가하면,

$$L_A(\text{A가 본 막대의 길이})$$

$$= \frac{T_A(\text{A의 시간})}{T_B(\text{B의 시간})} \times L_B(\text{B가 본 막대의 길이})$$

가 됩니다.

여기까지는 이해했어요!

'시간의 느려짐'을 고려한다

이제 제3장에서 살펴봤던 '시간의 느려짐'을 생각해 보 겠습니다.

아, 맞다! '움직이고 있는 A의 시간은 느리게 흘러가는' 것이었지요!

그렇습니다.

이를 위해서 '시간의 느려짐' 식을 사용합니다.

'시간의 느려짐' 식이라면…, 이거군요!

$$T_A = \sqrt{1 - \left(\frac{v}{c}\right)^2} \; T_B$$

 맞습니다!

이번에도 움직이고 있는 쪽이 A, 멈춰 있는 쪽이 B이니까 이 식을 그대로 사용할 수 있습니다.

A가 본 막대의 길이는,

$$L_A = \frac{T_A}{T_B} \; L_B$$

였으니까, '시간의 느려짐'의 식을 여기에 대입해 보겠습니다.

$$L_A = \frac{\sqrt{1 - \left(\frac{v}{c}\right)^2} \; T_B}{T_B} \; L_B$$

여기에서 분모와 분자의 T_B를 지우면,

$$L_A = \sqrt{1 - \left(\frac{v}{c}\right)^2} \; L_B$$

가 됩니다.

아아, 또 어려워졌네….

식의 변형이 길어져 버렸으니 그렇게 느끼더라도 이상하지는 않지요. 결과를 다시 한번 보시기 바랍니다. 이 것은 다시 말해 'A가 본 막대의 길이'는 'B가 본 막대의 길이에 $\sqrt{1 - \left(\frac{v}{c}\right)^2}$ 을 곱한 것'이라는 뜻이지요.

'시간의 느려짐' 때와 거의 같네요!

그렇습니다!

처음부터 이 결과를 가르쳐 주셨으면 좋았을 텐데요(^^). 그래서 이 식을 보면 무엇을 알 수 있나요?

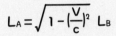

$$L_A = \sqrt{1 - \left(\frac{V}{c}\right)^2}\ L_B$$

 식에서 $\sqrt{1-\left(\frac{V}{c}\right)^2}$ 부분을 봐 주세요. 앞에서도 말씀 드렸지만, $\sqrt{1-\left(\frac{V}{c}\right)^2}$은 '항상 1보다 작습니다.' 그러므로 다음과 같은 결론이 나오지요.

L_A(A가 본 막대의 길이) < L_B(B가 본 막대의 길이)

시간이 느려지고, 공간도 줄어든다

 어?
분명히 똑같은 막대인데, A가 본 막대가 더 짧네요?
선생님, 계산을 잘못하신 게 아닌가요?

 이것이 이번 주제인 '공간의 줄어듦'입니다!
다시 말해 막대가 움직이고 있는 것처럼 보이는 A에게는 막대의 길이가 줄어들어 보이는 것이지요!

세상에, 그럴 수가 있나요?

 이것이 '움직이고 있는 것의 길이가 줄어들어 보인다'라는 현상입니다.

이번에는 이해하기 쉽게 막대의 길이를 예로 생각해 봤습니다만, 어떤 두 점 사이의 거리를 측정했을 때도 똑같은 일이 일어납니다. 예를 들어 조약돌 두 개를 1킬로미터 간격으로 놓았을 경우, 움직이고 있는 사람이 봤을 때는 그 간격이 990미터로 보이는 것이지요.

사실 이 조약돌은 없어도 상관이 없으니까, "길이가 줄어들었다"라기보다는 "공간이 줄어들었다"라고 표현하는 쪽이 좀 더 옳을지도 모릅니다.

 아아, 머릿속이 혼란스럽네요.

A가 움직임으로써 주위의 공간이 줄어든 건지, 주위가 움직이고 있으니까 길이가 짧게 보이는 건지 모르겠어요. 어느 쪽이 맞는 건가요?

 좋은 질문입니다!

양쪽 모두 올바른 해석입니다.

특수 상대성 이론의 개념으로 돌아가 보면, A 자체는 멈춰 있다고 생각할 수 있으니까 주변의 움직이고 있는 것(공간)의 길이가 짧게 보이는 것입니다. 이것을 간단하게 표현한 말이 "움직이는 것은 줄어들어 보인다"이지요. 그리고 물리의 세계에서는 이 현상에 '로렌츠 수축'이라는 멋진 이름을 붙였답니다.

결국 '공간의 줄어듦'이란 무엇일까?

'공간의 줄어듦'을 구체적으로 생각해 보자

그래서 실제로 어느 정도 속도일 때 공간은 얼마나 줄어 드는 건가요?

확실히 구체적인 숫자를 사용하는 편이 실감하기 쉽겠 군요. 그러면 속도가 0.6c일 경우를 생각해 보겠습니다!

c는 광속이니까, 광속의 60퍼센트라는 말이군요?

네.

속도가 광속의 60퍼센트일 때 '공간의 줄어듦'은 어느 정도가 되는지 계산해 보겠습니다.

A가 봤을 때의 공간의 길이는,

$$L_A = \sqrt{1 - \left(\frac{V}{c}\right)^2}\ L_B$$

였습니다.

이제 $\sqrt{1 - \left(\frac{V}{c}\right)^2}$의 'V'에 0.6c를 대입하면,

$$L_A = \sqrt{1 - \left(\frac{0.6c}{c}\right)^2}\ L_B$$

$$= \sqrt{1 - (0.6)^2}\ L_B$$

$$= \sqrt{1 - 0.36}\ L_B$$

$$= \sqrt{0.64}\ L_B$$

$$= 0.8\ L_B$$

가 되지요.

그렇다는 건….

 그렇다는 건,

L_A(0.6c로 이동한 A가 본 거리)는 L_B(정지해 있었던 B가 본 거리)의 0.8배가 된다는 뜻입니다.

요컨대 정지해 있었던 B가 본 1킬로미터는 0.6c로 움직이고 있었던 A의 눈에는 800미터가 된다는 말이지요. 이것이 '로렌츠 수축'이라고 불리는 '공간의 줄어듦'을 구체적으로 생각한 결과입니다.

'공간의 줄어듦'이 정말로 일어나고 있을까?

 1킬로미터가 800미터로 줄어든다니 굉장하네요. 20퍼센트나 줄어들면 기차가 부서져 버리지 않을까요(^^)?

 이 '공간의 줄어듦'에서는 대상물뿐만 아니라 그 공간 자체가 진행 방향으로 줄어들게 됩니다. 그렇기 때문에 공간이 줄어들더라도 물건이 부서지거나 하지는 않는답니다.

그런데 이런 상상하기 힘든 현상을 계산만 보고 받아들일 수 있는 사람은 얼마 없지 않을까요? 이론상으로만 일어나는 일일지도 모르잖아요.

사실 공간이 줄어드는 현상은 매일 일어나고 있답니다. 길이의 수축도 일어나고 있고, '시간의 느려짐'도 일어나고 있지요.

뭔가 실험을 통해서 확인되고 있다거나 그런 건가요?

빠른 속도로 떨어지는
짧은 수명의 입자 '뮤온'

그러면 지표면으로 떨어지는 뮤온이라는 입자 이야기를 해 드리겠습니다.

먼저 지구에는 지표면으로부터 대략 수십 킬로미터 정도 높이에 걸쳐 대기권이라는 것이 있습니다. 알고 계시지요?

네! 대기권은 저도 알아요!

사실 대기권에는 매일, 지금 이 순간에도 우주에서 수많은 우주선(宇宙線)이 날아오고 있답니다.

 우주선(宇宙船)이요? 외계인의 침공인가요?

 우주'선(線)'입니다(^^). 광속에 매우 가까운 속도로 움직이는 입자이지요.

 입자군요. 깜짝 놀랐네.

 이 우주선이 지구로 날아와서 대기권에 부딪히는데, 대기권에도 질소 등을 비롯한 다양한 입자가 있습니다. 그래서 우주선이 대기권에서 다른 입자와 부딪혀 파괴되면서 다른 입자로 바뀔 때가 있지요. 그때 나오는 것이 뮤온이라는 입자입니다.

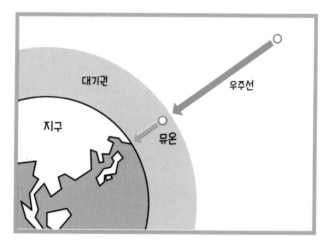

 뭔가 재미있는 입자인가 보네요?

 뮤온도 그대로 지표면을 향해서 날아옵니다. 그런데 사실 이 뮤온은 수명이 매우 짧습니다. 대략 2마이크로초 정도밖에 안 되지요.

 마이크로초요?

 마이크로는 100만 분의 1이니까, 100만 분의 2초입니다. 정말 한순간밖에 안 되는 수명이지요. 그 시간이 지나면 붕괴되어 버립니다. 그런데 한편으로 뮤온은 질량이 거의 제로에 가까워서 광속의 약 99.97퍼센트나 되는 속도로 떨어집니다.

굉장한 속노네요!

거의 광속이지요. 그래서 상대성 이론의 효과를 무시할 수 없습니다.

상대성 이론은 이런 수준의 이야기군요.

그렇다면 뮤온은 수명인 2마이크로초 동안 어느 정도의 거리를 날아갈 수 있을까요?

음, 그게…. 선생님, 계속 설명해 주세요!

거의 광속이니까 간단하게 초속 30만 킬로미터라고 하면, 미터로 환산했을 때 초속 3.0×10^{8}미터의 속도로 나아갑니다. 그리고 수명인 2마이크로초도 초로 환산해서 2×10^{-6}초라고 하면 다음과 같은 결과가 나오지요.

$$3.0 \times 10^8 \text{m/s} \times 2 \times 10^{-6} \text{s}$$
$$= 600\text{m}$$

 뮤온은 붕괴될 때까지 600미터를 이동한다는 의미인 것인가요?

 그런 셈입니다.

 그래서 뭐가 문제인가요?

 600미터를 이동한다면, 두꺼운 대기권을 돌파하지 못하고 도중에 붕괴되기 때문에 지표면에 도달하기는 불가능하겠지요?

뮤온이 경험하는 '시간과 공간'의 왜곡

 그래야 하는데 뭔가 일어나는가 보군요?

앞에서 했던 계산에는 상대성 이론의 효과가 적용되어 있지 않습니다. 가령 지상에 있는 우리의 눈에는 뮤온이 광속에 가까운 속도로 움직이기 때문에 '수명이 늘어난' 것처럼 느껴지지요.

 얼마나 늘어나게 되나요?

 실제로 계산해 보면, 광속의 99.97퍼센트로 날아왔을 경우 약 41배가 됩니다. 다시 말해 뮤온의 수명이 41배가 늘어나는 것이지요. 그러면 이동할 수 있는 거리도 41배가 되니까 대기권을 돌파해서 지표면으로 떨어질 수 있게 됩니다.

 하지만 뮤온이 봤을 때는 지구가 움직이고 있는 것처럼 보이잖아요? 그렇다면 수명은 안 늘어나는 게….

 아주 예리하시네요. 그렇다면 뮤온이 봤을 경우를 생각해 보겠습니다.

 뮤온에 눈이 달려 있다고 상상하면서 들을게요!

좋은 아이디어네요(^^).

뮤온이 봤을 때, 움직이는 쪽은 자신이 아니라 지구나 대기권입니다.

대기권이 엄청난 기세로 다가오고 있어서 굉장히 무섭네요!

벌써 뮤온이 된 듯한 기분인 모양이군요(^^).

뮤온이 멈춰 있다고 생각하면 움직이는 것은 지구나 대기권, 다시 말해 주위 공간이 됩니다. 그리고 움직이고 있는 것의 길이는 줄어들어 보이므로, 대기권이나 지구는 운동 방향으로 찌부러져 보이지요. 이번에도 광속의 99.97퍼센트로 날아왔다고 생각하면 1/41배로 줄어들게 됩니다. 다시 말해 거리가 그만큼 짧아졌기 때문에 뮤온은 수명이 다하기 전에 지표면에 도달할 수 있게 되지요.

아하, 그렇군요….

상대성 이론에서는 어느 쪽의 시간이나 공간이 절대적

이라고 생각하지 않고 '누구의 처지에서 보는가?'에 따라 잣대를 바꿉니다. 어느 쪽의 처지에서 계산하더라도 모순이 발생하지 않는다는 것이 재미있는 점이지요.

어느 한쪽의 시간이나 공간의 개념이 절대적으로 옳은 것은 없다. 이것이 상대성 이론입니다.

지구에서 봤을 때는 하늘에서 뮤온이 내려오는 것이지만, 뮤온 입장에서는 "하늘에서 지구가 내려오는 거야!"라고 말하고 싶겠군요(^^).

맞습니다. 바로 그것이 '상대성'이지요!

'공간의 줄어듦' 정리

1. 움직이고 있는 것의 공간은 진행 방향으로 줄어든다.

   [공간의 줄어듦]

2. 단, '광속에 가까운 속도로 움직일 경우'에만 '공간의 줄어듦'을 실감할 수 있다.

제5장

'질량과 에너지의 등가성'이란 무엇일까?

'질량 보존의 법칙'은
사실 틀렸다?

'특수 상대성 이론의 귀결'이란?

 특수 상대성 이론을 어렴풋이 이해할 수 있게 됐어요!

 이해하셨다고 하니 다행이네요!
그러면 이제 마지막으로 '질량과 에너지의 등가성'에 관해 이야기하겠습니다.

 네? 질량과 에너지의 등가성이요? 그게 뭔가요?

 쉽게 말하면 '질량과 에너지는 교환 가능한 것'이라는 의미입니다!

으음…, 역시 잘 이해가 안 돼요.

'핵분열 반응'을 통해서 배우는
질량과 에너지

 그러면 유명한 예를 들어 보겠습니다.

'우라늄-235'라는 원자가 있습니다. 이 원자의 핵, 그러니까 중심에는 양성자와 중성자가 합쳐서 235개 있습니다.

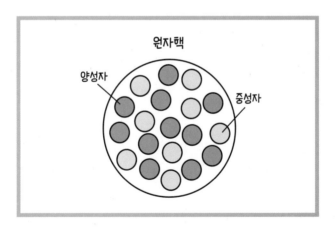

 양성자? 중성자? 원자핵?

어렵게 생각할 필요 없이, 알갱이가 가득 차 있는 것이라고 생각하시면 됩니다.

 아, 외우지 않아도 되는군요(ㅠ).

 이 원자핵은 어떤 것과 부딪히면 분열되는 성질이 있습니다. 이것을 핵분열이라고 하는데, 원자핵이 분열해서 작은 원자핵 두 개가 될 때가 있지요.

 핵분열…. 원자력 발전 같은 데서 나오는 거네요.

 이때 분열된 두 개의 원자핵을 조사해 보면 본래 원자핵에 존재하고 있었던 양성자와 중성자의 수에는 변화가 없습니다.
다시 말해 두 개의 원자핵을 합치면 235개였던 것이 한 개가 부딪혀서 추가된 236개가 되지요.

 산수 같네요!

 상식적으로 생각하면 양성자와 중성자의 수가 같으니까

합계의 질량은 변하지 않아야 합니다. 그런데 핵분열이 일어나면 양성자와 중성자의 수가 변하지 않았음에도 분열 후의 질량의 합계가 아주 조금 가벼워진답니다.

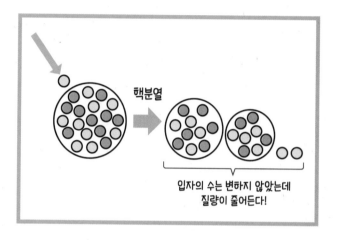

핵분열

입자의 수는 변하지 않았는데
질량이 줄어든다!

 알갱이의 수가 같은데도요?

 이 반응에 카운트되지 않은 '무언가'가 하나 있다면, 분열될 때 발생하는 에너지입니다. 이 반응의 경우 엄청난 열에너지를 방출하지요.

'질량과 에너지'는 등가 관계다?

 질량을 계산하는 데 꼭 에너지를 카운트할 필요가 있나요?

 '이 에너지를 카운트하지 않았기 때문에 수치가 맞지 않았다'라고 가정해 보겠습니다. 이 가정이 옳다면 소실된 질량만큼 에너지가 되었다고 할 수 있지요.

 소거법으로 생각하면 그렇게 되기는 하는데….

 질량이 에너지로 바뀌었다고 생각하고 싶어지는 실험 중 하나입니다.
그러면 이번에는 반대의 경우를 생각해 보겠습니다!
'질량이 에너지로 바뀐다'고 생각하면, 반대로 '에너지가 질량으로 바뀌는' 경우도 있지 않을까 하는 생각이 자연스럽게 들지 않나요?

 '질량이 에너지로 바뀐다'는 건 왠지 일어날 법한 일 같기는 해요.

직감적으로 쉽게 이해할 수 있는 예로 '전자를 가속시 키는' 경우를 생각해 보겠습니다.

예를 들어 전자에 커다란 에너지를 가하면 가속시킬 수 있습니다. 계속 에너지를 가할 경우, 최종적으로는 어떻 게 될까요?

 광속(초속 30만 킬로미터)에 가까워지겠네요?

 그렇습니다!

속도에는 상한선이 정해져 있기 때문에 아무리 에너지 를 가하더라도 광속을 넘어설 수는 없습니다.

 그렇다면 가해졌던 에너지는 어떻게 되나요? 헛수고하 는 건가요?

 일반적인 감각으로는 '소비한 에너지만큼 속도가 빨라 진다'라고 생각할 수 있을 것입니다. 하지만 한없이 광 속에 가까워지면 아무리 에너지를 가해도 속도가 거의 변하지 않게 되지요.

아무리 에너지를 가해도 속도가 변하지 않는다고요? 그렇다면 에너지 낭비 아닌가요?

 그렇습니다. 완전히 손해이지요.
이 경우 '낭비된 에너지는 어디로 가 버렸을까?'라는 의문이 생기는데, 이때 생각할 수 있는 것이 '에너지가 질량으로 바뀌었을' 가능성이랍니다.

'질량 보존의 법칙'은 사실 거짓말이었다?

 네에?
하지만 그건 무에서 유가 창조된다는 말이잖아요?

 일반적으로는 에너지를 가해서 '무거워졌다'는 느낌을 받을 일이 없지만, 극한까지 에너지를 가해도 변화가 없다면 '질량으로 바뀌었다'라고 생각할 수 있는 것이지요.

 으음…, 실감이 잘 안 돼요.

 실제로 물질에 열에너지 등을 가하면, 다시 말해 가열

하면 아주 조금이지만 질량이 늘어난다는 사실이 밝혀졌습니다. 다만 이것을 일상생활에서 실감할 일은 거의 없지요.

네? 그 말은 질량 보존의 법칙이 거짓말이라는 의미인가요?

아주 엄밀하게 측정하면 옳지는 않다는 말입니다. 다만 일상 수준의 정밀도에서는 새빨간 거짓말이라고 할 만큼 큰 차이가 나지는 않습니다.

대체로 맞는다는 말인가요?

상대성 이론 이전의 물리학과 상대성 이론 이후의 물리학이 크게 다른 점은 '측정의 정밀도'입니다. 가령 "몸무게가 어떻게 돼?"라는 질문을 받으면 보통은 "60킬로그램이야"라고 대답하지요. "60.0124567킬로그램이야"라고 대답하는 사람은 없습니다. 그런 정밀도에서는 60킬로그램이 맞는 것이지요.

마찬가지로, 상대성 이론 이전의 정밀도에서는 질량 보

존의 법칙이 그렇게까지 틀린 것이 아니었습니다. 하지만 시대가 흐르면서 측정 정밀도가 높아져서 엄청난 정밀도로 측정할 수 있게 되자 질량 보존의 법칙이 근사(近似)적인 것이었음을 알게 된 것이지요.

그런 미량의 질량을 어떻게 측정할 수 있는 건가요?

작은 입자의 질량을 측정할 때는 전기장이나 자기장 등을 활용해서 그 입자가 휘어지는 정도를 살피는 방법을 자주 사용합니다.

질량 보존의 법칙은 사실 '그렇게까지 큰 차이는 나지 않으니까 그렇다고 하자'라는 것이었군요.

이 두 이야기를 통해서 알 수 있는 것은 '에너지와 질량은 변환 가능하다', 즉 등가라는 것입니다.

이전까지 그다지 밀접하게 연결되어 있지 않았던 두 개념인 에너지와 질량이 이렇게 밀접한 관계가 있음이 다양한 실험을 통해서 밝혀지고 있지요.

'질량'이 지닌 에너지를 계산해 보자!

 그런데 이게 상대성 이론과 무슨 관계가 있나요?

 사실은 이 '질량과 에너지의 등가성'이 특수 상대성 이론 중에서도 특히 유명하다고 할 수 있답니다.

이번에는 1그램의 질량이 어느 정도의 에너지에 대응하는지를 생각해 보려고 합니다.

 고작 1그램이요?

그 정도로는 딱히 대단한 에너지가 될 것 같지 않은데요.

 이것을 구하는 공식은 '아인슈타인의 식'이라는 명칭으로 알려져 있습니다.

에리 씨도 보신 적이 있을지 모르겠네요.

> ### 아인슈타인의 식
> $$E = mc^2$$

으음…. 어디선가 본 것도 같고, 아닌 것도 같고….

 특수 상대성 이론을 공부한 김에 이 식이 어떤 의미인지 소개하고 넘어가도록 하겠습니다.

먼저, 이 식에서 'E'는 에너지(Energy), 'm'은 질량(mass), 그리고 'c'는 지금까지 여러 번 나왔듯이 광속을 의미합니다.

 여기에서도 광속이 등장하는군요!

 물리를 연구하는 사람이 이 식을 보면 이렇게 'E'와 'm'에 색이 칠해져 있는 것처럼 보인답니다.

$$E = mc^2$$

다시 말해 'E(에너지)'와 'm(질량)'이 직접 연결되어 있는 것이지요. 그리고 이 에너지와 질량을 연결하는 것이 바로 여기에도 등장한 광속입니다. 그것도 광속의 제곱을 곱하지요.

네?

그러니까 질량에 초속 30만 킬로미터의 제곱을 곱한다

는 말인가요?

 그렇습니다. 질량에 초속 30만 킬로미터의 제곱을 곱한

값이 에너지의 값과 같아진다는 의미의 식이지요.

 어…, 그러면 대체 어느 정도의 크기가 되나요?

 그러면 정지해 있는 1그램의 물체에 어느 정도의 에너

지가 존재하는지 계산해 보겠습니다.

 식에 그대로 대입하기만 하면 되나요?

 이런 식으로 계산합니다.

$$E = mc^2$$

이 식에 나오는 'm'의 단위는 '킬로그램(kg)'이니까

0.001킬로그램, 다시 말해 1×10⁻³킬로그램을 대입합니다.

$$E = 1 \times 10^{-3}kg \times c^2$$

그리고 광속은 초속 30만 킬로미터이니까, c에 $3×10^8$m/s를 대입합니다.

$$E = 1 \times 10^{-3}kg \times (3 \times 10^8 m/s)^2$$
$$E = 9 \times 10^{13} J$$

즉, 에너지는 '90조 줄(J)'이라는 계산이 나오지요.

'1그램'이 지니고 있는 엄청난 에너지

90조 줄이 어느 정도의 크기인가요?

원자폭탄을 예로 들어 보겠습니다.

과거에 히로시마에 투하되었던 원자폭탄도 우라늄을 원료로 핵분열 반응을 이용했는데, 그 원자폭탄의 핵분열 반응으로 소실된 질량은 0.7그램 정도였다고 알려져 있답니다.

1그램이면 대략 1원짜리 동전의 무게와 같을 텐데, 이게 전부 에너지로 바뀌면 엄청난 일이 일어나는군요.

그렇습니다. 우리 주변에 있는 물질도 질량이 0이 되어서 소실된다면 막대한 에너지가 생겨날 겁니다. 물론 이론적으로 그렇게 될 뿐, 기술적으로 가능한지는 별개의 이야기입니다만….

천문학적인 수준의 이야기네요.

네, 말 그대로 천문학적인 이야기이지요.
천문학에서는 '아무것도 없는 상태에서 어떻게 이 우주가 탄생했을까?'라는 의문에 대해 "에너지에서 질량이 생겨났다"라고 설명하는 경우도 있답니다.

역시 제가 이해할 수 있는 범위를 넘어섰네요. 그런데 평소에 '뜨거워지면 무거워지는구나'라고 느껴 본 적은 한 번도 없었어요.

 앞에서도 이야기했지만, 매우 작은 변화라서 그렇습니다. 반대로 생각해 보지요. 1그램의 질량을 얻기 위해서는 에너지가 어느 정도 필요할까요?

 제가 그걸 어떻게 알겠어요?

 방금 전에 사용했던 식을 그대로 사용하면 됩니다.

90조 J = 1g × 광속의 제곱

다시 말해 질량을 1그램 늘리려면 90조 줄의 에너지가 필요하지요.

 겨우 1그램을 늘리기 위해 원자폭탄 수준의 에너지가 필요하단 말인가요?

요컨대 에너지가 엄청나게 크지 않으면 우리가 실감할 수 있는 질량을 만들어낼 수 없다는 말입니다. 그래서 조금 불꽃이 생기는 정도의 열에너지로는 단 0.1그램도 무거워지지 않지요.

질량 보존의 법칙이 옳다고 생각했던 이유가 여기에 있군요.

계산 결과로 나왔듯이, 이 정도의 막대한 에너지가 있어야 겨우 1그램을 늘릴 수 있습니다. 즉, 통상적인 화학 반응에서 생겨나는 에너지로는 그것이 질량의 변화로 관측되지 않기 때문에 전혀 깨닫지 못했던 것이지요. 그리고 당시에는 그 정도의 정밀도로도 문제가 없었던 것입니다.

그건 그렇고, 빛의 속도에 관한 이야기가 물질 자체의 개념으로까지 연결되다니, 상대성 이론은 정말 오묘하네요.

사실 아인슈타인은 특수 상대성 이론에 관한 논문을

딱 한 편만 제출한 것이 아닙니다. 여러 파트로 나눠서 발표했지요.

이런 사실에서 '아인슈타인의 식'으로 알려진 '질량과 에너지의 등가성'도 처음에는 이런저런 시행착오가 있었을 것이라 상상해 볼 수 있답니다.

'질량과 에너지의 등가성' 정리

1. 질량과 에너지는 서로 교환 가능한 것이다

   [질량과 에너지의 등가성]

2. 그 환산식은 다음과 같다

   $[E = mc^2]$

이것으로 상대성 이론도 끝이네요!

 그렇습니다. 특수 상대성 이론의 개요에 관해서는 이제 대략적으로 이해하셨나요?

 그러고 보니 '특수' 말고 '일반'이라는 것도 있었지요?

 사실은 지금까지 공부한 '특수 상대성 이론'에서 다루지 못한 중요한 주제가 하나 있답니다.

 그게 뭔가요?

 바로 중력입니다. 그리고 특수 상대성 이론에 이 중력의 이론을 도입한 것이 '일반 상대성 이론'이지요.

 이번에는 중력이 주제인가요?

 일반 상대성 이론은 특수 상대성 이론을 완전히 포함합니다. 그리고 특수 상대성 이론은 일반 상대성 이론의 일종의 근사(近似)이지요. 그러니까 좀 더 '일반'적인 것에 비해 '특수'한 사례를 다룬다고 해서 특수 상대성 이론인 것입니다.

생각해 보니 중력은 이 우주의 법칙을 이해하기 위해 필요한 중요한 주제인 것 같아요!

일반 상대성 이론은 중력에 시공(時空)의 왜곡이라는 인식을 가져다줌으로써 또다시 인류의 세계관을 크게 바꿔 놓았지요.
흥미가 있다면 에리 씨도 꼭 도전해 보시기 바랍니다!

흥미가 없는 건 아니지만, 역시 제 청춘을 모조리 바치고 싶지는 않네요(진땀).

시공도(時空圖)[※]를 이용해 상대성 이론을 이해한다

※ 시공도 : 시간과 공간에 관한 그래프

'시공도'란 무엇인가?

시공도를 이용해서 '시간'과 '위치'를 시각화한다

다쿠미 선생님. 여기까지 와서 이런 말씀을 드리기도 뭐하지만, 솔직히 말씀드리면 광속 불변의 원리와 상대성 이론만으로는 '동시'가 어긋날 수 있다는 게 도저히 이해가 안 돼요.

그러면 좀 더 시각적으로 쉽게 이해할 수 있도록 '시공도(時空圖)'라는 것을 소개해 드리지요. 만약 어렵게 느껴진다면 잊어버리셔도 됩니다.

네, 그럴게요!

그런데 '시공도'가 뭔가요?

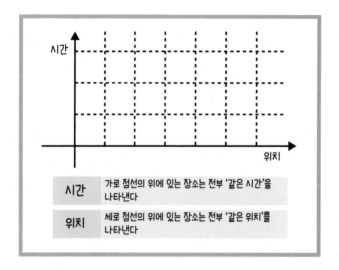

시간	가로 점선의 위에 있는 장소는 전부 '같은 시간'을 나타낸다
위치	세로 점선의 위에 있는 장소는 전부 '같은 위치'를 나타낸다

 상대성 이론을 이해할 때 도움을 주는 시간과 공간에 관한 그래프입니다. 일반인을 대상으로 하는 해설서에서는 보기 힘들지만, 이것을 보고 나면 '동시가 어긋나더라도 이상하지는 않구나'라고 느낄 수 있을 겁니다.

 그런데 시공도라고 하기에는 뭐랄까, 점선밖에 없네요.

먼저, 가로축은 위치, 세로축은 시간을 나타냅니다. 그래서 가로 점선의 위는 전부 '같은 시간(同時間)'을 나타내고, 세로 점선의 위는 전부 '같은 위치(同位置)'를 나타내지요.

정지해 있는 물체일 경우의 시공도

 예를 들어 테이블 위에 사과가 있는 경우를 생각해 보겠습니다. 테이블 근처에 있는 제가 그 사과를 보고 있다고 가정하겠습니다.
에리 씨, 이 경우 시공도의 좌표는 어떻게 될까요?

 사과는 전혀 움직이지 않고 있으니까, "시공도에서도 한 점에 위치한 채 움직이지 않는다"가 답인가요?

 분명히 사과의 위치는 움직이지 않지만, 시간은 흐르고 있기 때문에 시간축 방향으로 움직입니다. 그러면 위치는 변하지 않고 시간만 흘러가므로 시공도상에서는 최초의 위치에서 위를 향해 나아가게 되지요.

시간의 경과에 따라서 위쪽 방향으로 나아가는군요.

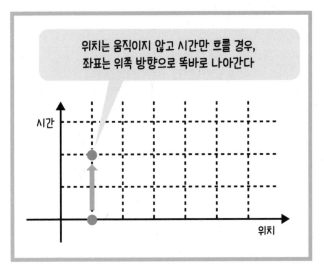

관성계에 따라
시공도가 달라진다

시공도에서 빛을 나타내는 방법

 이 시공도에서는 가로축의 한 칸을 30만 킬로미터, 세
로축의 한 칸을 1초라고 정하겠습니다.

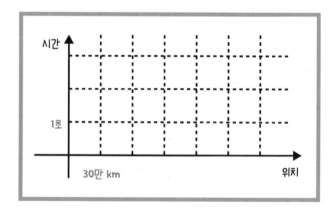

빛은 매초마다 30만 킬로미터를 나아가니까, 1초가 경과할 때마다 양이나 음(왼쪽이나 오른쪽)의 대각선 45도의 방향으로 시공도 위를 이동합니다.

다시 말해 초속 30만 킬로미터보다 느릴 경우 그 선의 각도는 45도 이상이 되지요(30만 킬로미터를 이동하는 데 걸리는 시간이 1초 이상이 되기 때문에).

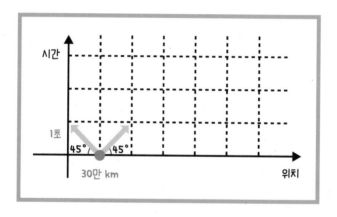

 초속 30만 킬로미터보다 빠를 경우는…. 아, 맞다. 빛의 속도보다 빠른 것은 없었지요(ˇˇ).

 그렇습니다!

기차 안에서 본 시공도

 제2장의 예를 시공도에 그려 보면 어떻게 될까요?

 그러면 '기차 안에서 빛을 보고 있는 A'와 '기차 밖에서 빛을 보고 있는 B'에 대한 시공도를 살펴보도록 하지요! A의 시공도를 시공도 A라고 하겠습니다.
다음의 시공도는 기차의 앞쪽 끝과 뒤쪽 끝의 움직임을 나타낸 것입니다.

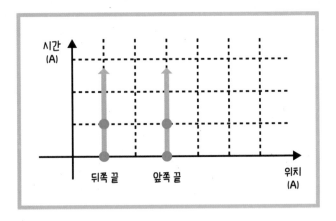

 A가 봤을 때는 기차의 앞쪽 끝과 뒤쪽 끝 모두 안 움직이는 거지요?

맞습니다!

A가 봤을 때는 시간이 아무리 흘러도 기차의 앞쪽 끝과 뒤쪽 끝 모두 움직이지 않습니다. 그러니까 시공도상에서는 위를 향해서 똑바로 이동하지요.

시간이 흐른 만큼 이동하는 것이군요?

그렇습니다. 그러면 다음에는 기차의 중심에 있는 광원에서 발사된 빛에 관해 생각해 보겠습니다!

광원은 기차의 한가운데에 있으므로 앞쪽 끝과 뒤쪽 끝의 중간점에 위치합니다.

그리고 빛의 속도는 초속 30만 킬로미터에서 변하지 않습니다. 에리 씨, 빛은 시공도 위를 어떻게 나아갈까요?

대각선 45도로 나아가요!

정답입니다!

이 경우, 앞쪽 끝을 향해서 나아가는 빛과 뒤쪽 끝을 향해서 나아가는 빛이 있다는 점에 주의하시기 바랍니다.

다시 말해 광원이 있는 점에서 두 방향을 향해 45도로 나아가는 선을 그려야 하지요.

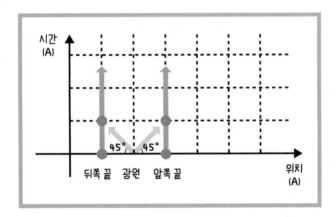

 앞쪽 끝과 뒤쪽 끝이 그리는 직선과 빛이 그리는 직선이 만나는 점이 검출기에 빛이 도달하는 타이밍이지요?

 에리 씨, 훌륭합니다!

뒤쪽 끝의 서로 만나는 점과 앞쪽 끝의 서로 만나는 점을 잘 보십시오. 세로축상의 같은 눈금에 위치하고 있지요?

 세로축의 값이 같다는 말은 검출기에 '동시'에 도달했다는 뜻이지요?

네. 이것이 기차와 함께 움직이는 A가 봤을 경우의 시공도입니다.

기차 밖에서 본 시공도

 익숙하지 않았을 때는 시공도가 참 어려워 보였는데, 익숙해지니까 굉장히 이해하기 쉽네요!

 문제는 이 현상을 기차 밖에서 보고 있는 B의 경우입니다. 이쪽의 시공도도 만들어서 비교해 보지요!
다음의 시공도는 B가 보고 있는 기차의 앞쪽 끝과 뒤쪽 끝의 움직임을 나타낸 것입니다. 기차는 광속보다 느린 속도로 움직이고 있으니까, 기차의 앞쪽 끝과 뒤쪽 끝은 45도 이상의 각도로 나아갑니다.

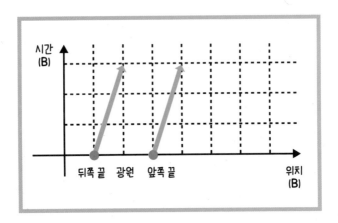

 A가 봤을 때와 달리 비스듬하게 움직이네요.

 네.

위치가 이동하고 있기 때문에 가로 방향으로도 움직이는 것이지요. 그리고 앞쪽 끝과 뒤쪽 끝은 당연히 같은 속도이므로 각도는 같습니다.

 평행선이 되는 거네요?

 그렇습니다.

그리고 이번에도 광원은 앞쪽 끝과 뒤쪽 끝의 한가운데에 있으니까 장소는 아까와 똑같겠군요?

 바로 그겁니다!

그러면 앞쪽 끝과 뒤쪽 끝으로 향하는 빛의 움직임도 그려 보겠습니다!

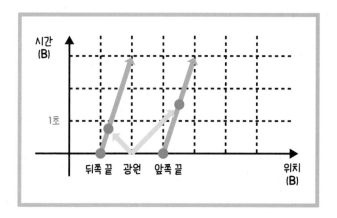

 어? 빛은 아까와 같은 각도로 나아가네요?

 바로 이것이 '광속 불변의 원리'입니다!

B에게도 빛은 항상 같은 속도로 움직이기 때문에 45도가 되지요.

오오! 왠지 갑자기 재미있어졌어요!

시공도를 통해서 보는 '동시성의 불일치'

 하지만 선생님, 같은 각도로 빛이 나아가는데 뒤쪽 끝과 앞쪽 끝의 선과 서로 만나는 점은 위치가 다르네요?

 바로 그것이 동시성의 불일치로 이어지는 것이랍니다! 기차의 뒤쪽 끝과 앞쪽 끝은 같은 각도로 운동 방향을 향해서 나아가기 때문에 뒤쪽으로 향하는 빛이 먼저 직선과 만나지요.

에리 씨, 이 시공도를 보고 '뒤쪽 끝의 검출기에 먼저 빛이 도달한다'는 것을 읽어낼 수 있나요?

 으음…. 세로축이 시간을 나타내니까, 가로 점선과의 위치 관계를 살피면 되나요?

 그렇습니다.

그렇게 관찰하면 뒤쪽 끝과 앞쪽 끝에 서로 다른 타이밍에 빛이 도달함을 알 수 있지요.

B가 볼 때는 빛이 양쪽 끝에 도달하는 타이밍이 동시가 아니라는 말이네요!

에리 씨도 핵심을 파악하신 것 같군요!

기차 밖에서 보고 있는 B에게는 뒤쪽 끝에 먼저 빛이 도달하고, 그런 다음 앞쪽 끝에 빛이 도달합니다. 시공도를 이용해서 생각하면 이것은 기차의 이동을 나타내는 선이 기울어졌기 때문이라는 걸 알 수 있지요.

그렇군요.

시공도를 이용하니까 시간과 공간을 한 세트로 이해할 수 있네요. 그렇다면 두 명이 있을 경우에는 시공도도 두 개가 있어야 하지 않나요?

좋은 질문입니다. 사실은 두 명의 시공도를 하나로 겹치는 방법이 있답니다.

두 개의 시공도를 합쳐서 생각해 보자

시공도로 보는 '동시가 어긋나는' 순간

 앞에서 봤듯이, 시공도를 이용하면 B가 봤을 때는 빛이 기차의 양쪽 끝에 도달하는 타이밍이 '동시가 아님'을 시각적으로 알 수 있습니다.

 하지만 A가 봤을 때는 빛이 양쪽 끝에 도달하는 타이밍이 '동시'잖아요?
A와 B 양쪽을 다 생각하려니까 역시 머리가 혼란스러워지네요.

 그러면 A의 시점에서 본 시공도와 B의 시점에서 본 시공도가 어떻게 되어 있는지, 양쪽을 합쳐서 생각해 보도록 하겠습니다.

어떻게 하는 건가요?

먼저, "A의 시점에서의 '동시'는 B의 시점에서 어디에 위치하는가?"를 기차 밖에서 보고 있는 B의 시공도 위에서 생각해 보겠습니다.

B의 시공도 위에서 'A의 시점에서의 동시'를 생각한다고요?

A의 시점에서는 앞쪽 끝과 뒤쪽 끝에 빛이 도달하는 타이밍이 동시에 해당합니다. 그러므로 'B의 시공도 위에 나타낸 A의 시점에서의 동시'는 다음 시공도의 진한 파란색 선과 같아지지요.

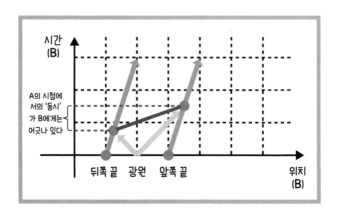

시간
(B)

A의 시점에
서의 '동시'
가 B에게는
어긋나 있다

뒤쪽 끝   광원   앞쪽 끝

위치
(B)

 A가 느낀 '동시의 타이밍'을 B의 시공도 위에서 생각하는 것이군요.

 A가 동시라고 느끼는 선은 이 선만이 아닙니다. 실제로 광원의 위치를 바꾼 다음 똑같은 방식으로 생각하면 다른 곳에도 '동시'의 선을 그릴 수 있음을 알 수 있지요.

왜 A와 B의 '동시'가 어긋나는 것일까?

 B가 봤을 때는 A의 '동시의 타이밍'이 전부 비스듬하게 보이나요?

그렇습니다!

이 시공도에서는 B의 '동시의 타이밍'을 수평 방향의 선으로 나타낼 수 있었습니다.

반면에 A 시점에서의 '동시의 타이밍'은 비스듬해지는 것이지요.

 동시를 나타내는 선과 평행한 '위치'의 축이 비스듬해진다는 것은 알겠어요. 그런데 '시간'의 축은 어떻게 되나요?

 사실은 동위치를 나타내는 선과 평행한 시간축도 비스듬해진답니다. 다음의 그림이 두 사람의 시공도를 겹친 것입니다.

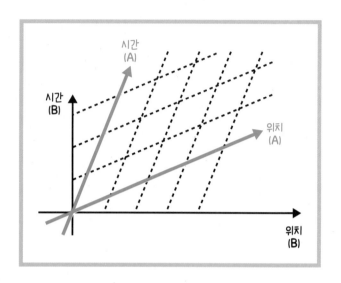

어⋯, 이게 그러니까⋯, 뭔가요?

그러니까 A 시점에서의 동시와 같은 위치에 점선을 찍어 본 것입니다.

같은 위치의 선도 기울어지는 건가요?

기차의 예를 다시 떠올려 보세요. A에게 기차의 앞쪽 끝과 뒤쪽 끝은 항상 같은 위치였지요? 그것이 B의 시공도에서는 비스듬한 선이 되지 않았던가요?

아하, 그렇군요!
어렴풋이 이해가 됐어요!

일반인을 대상으로 한 상대성 이론 서적에서는 시공도를 생략하는 경우가 많습니다. 하지만 시공도는 시간과 공간에 관한 문제에서 뭔가 모순이 느껴질 때 그 의문을 말끔하게 해소해 준답니다.

그렇네요.
저도 뭔가 의문이 있을 때는 이 시공도를 이용해서 해결해 봐야겠어요!

꼭 도전해 보세요!

시간이란 무엇일까? 공간이란 무엇일까? 여러분도 감수성이 예민한 시기(?)에 한 번쯤 고민해 보신 적이 있지 않을까 싶습니다. 솔직히 말씀드리면 저도 '학교에 쳐들어 온 악당을 친구들 앞에서 화려하게 물리치는' 망상 다음으로 많이 생각했답니다.

사실 현재의 물리학으로는 그 답을 알 수 없습니다. 다만 상대성 이론이 탄생하기 전에 인류가 품고 있었던 그에 대한 개념보다는 진정한 모습에 조금이나마 가까이 다가갔을 것입니다.

물리학은 느닷없이 진짜 답을 찾아낼 수 있는 학문이 아닙니다. 하지만 물리학은 수백 년 전부터 인류가 자연을 좀 더 깊이 이해할 수 있게 만들어줬으며, 사람들의 생활을 더욱 풍요롭게 만들어 왔습니다. 원자가 발견된 다음에는 그 속에 있는 원자핵이 발견되었고, 다음에는 그것이 양성자와 중성자라고 부르는 더 작은 알갱이로 구성되어 있음을 알게 되었으며, 최종적으로는 그 알갱이조차도 더 작은 입자로 구성되어 있음이 밝혀졌습니다. 물리학은 이렇게 차곡차곡 쌓아 올리는 학문입니다.

어지러울 정도로 정신없이 변화하는 사회생활 속에서 시간이 순식간에 지나가 버린다고 느끼는 분도 많을 것입니다. 그럴 때는 물리학처럼 천천히, 하지만 착실히 앞으로 나아가는 학문을 일부분이나마 접해 보는 것도 좋지 않을까 생각합니다. 이 책이 독자 여러분의 시간이 천천히 흐르는 것처럼 느껴질 만큼 편안하게 읽히기를 바라면서 펜을 내려놓으려 합니다.

요비노리 다쿠미

옮긴이 이지호

대학에서는 번역과 관계가 없는 학과를 전공했으나 졸업 후 잠시 동안 일본에서 생활하다 번역에 흥미를 느껴 번역가를 지망하게 되었다. 스포츠뿐만 아니라 과학이나 기계, 서브컬처에도 관심이 많다. 원서의 내용과 저자의 의도를 충실히 전달하면서도 한국 독자가 읽기에 어색하지 않은 번역을 하는 번역가, 혹시 원서에 오류가 있다면 그것을 놓치지 않고 바로잡을 수 있는 번역가가 되고자 노력하고 있다. 옮긴 책에 《수학은 어렵지만 미적분은 알고 싶어》, 《초록의 집》, 《원자핵에서 핵무기까지》, 《슬로 트레이닝 플러스》 등이 있다.

과학은 어렵지만
상대성 이론은 알고 싶어

1판 1쇄 인쇄 | 2020년 11월 25일
1판 1쇄 발행 | 2020년 12월 2일

지은이 요비노리 다쿠미
옮긴이 이지호
감   수 전국과학교사모임
펴낸이 김기옥

실용본부장 박재성
편집 실용1팀 박인애
영업 김선주
커뮤니케이션 플래너 서지운
지원 고광현, 김형식, 임민진

디자인 제이알컴
인쇄·제본 민언프린텍

펴낸곳 한스미디어(한즈미디어(주))
주소 121-839 서울시 마포구 양화로 11길 13(서교동, 강원빌딩 5층)
전화 02-707-0337 | 팩스 02-707-0198 | 홈페이지 www.hansmedia.com
출판신고번호 제 313-2003-227호 | 신고일자 2003년 6월 25일

ISBN 979-11-6007-552-6 03400

$$2m \frac{d x^2}{}$$

$$U_{ef} = \frac{U_m}{\sqrt{2}}$$

$$E = \hbar \omega$$

$$E = L \frac{q_1 q_2}{r^2}$$

$$U = \frac{W_{AB}}{}$$

$$= \mu \frac{NI}{\ell} \sqrt{2}$$

$$v = \frac{nh}{2\pi r m_e}$$

$$\varphi_E = \frac{Fe}{P_0}$$

$$= P^2/2m$$

$$m_0 = \frac{M_m}{N_A} = \frac{M_r \cdot 10^{-3}}{N_A}$$

$$\lambda = \frac{h}{\sqrt{2eU m_e}}$$

$$R = \rho \frac{\ell}{S}$$

$$f_0 = \frac{1}{2\pi} \sqrt{\frac{g}{\ell}}$$

$$\Psi_{(x)} = \sqrt{2/L} \sin \frac{n\pi x}{L}$$

$$\oint_{C(S)} \vec{B} d\vec{\ell} = \mu \iint_S \vec{J} d\vec{S}$$

$$\vec{S} =$$

$$= \sqrt{\frac{3kT}{m_0}} = \sqrt{\frac{3kT N_A}{M_m}} = \sqrt{\frac{3 R_m T}{M_R \cdot 10^{-3}}}$$

$$\lambda = \frac{\ln 2}{T}$$

$$F_h = S h \rho g$$

$$(E_t)$$

$$2 \cos \vartheta_1 \cos \vartheta_2$$